Suryanarayana T.M.V
Kapil Shah

Distribuição de Probabilidade de Melhor Ajuste e Desenvolvimento de Mapas Isohetais

Suryanarayana T.M.V
Kapil Shah

Distribuição de Probabilidade de Melhor Ajuste e Desenvolvimento de Mapas Isohetais

ScienciaScripts

Cover image: www.ingimage.com

This book is a translation from the original published under ISBN 978-3-659-85567-2.

Publisher:
Sciencia Scripts
is a trademark of
Dodo Books Indian Ocean Ltd. and OmniScriptum S.R.L publishing group

120 High Road, East Finchley, London, N2 9ED, United Kingdom
Str. Armeneasca 28/1, office 1, Chisinau MD-2012, Republic of Moldova, Europe
Managing Directors: Ieva Konstantinova, Victoria Ursu
info@omniscriptum.com

Printed at: see last page
ISBN: 978-620-8-52119-6

Índice:

DETERMINAÇÃO DA DISTRIBUIÇÃO DE PROBABILIDADE MAIS ADEQUADA E DESENVOLVIMENTO DE MAPAS ISOHETAIS

Dr. T.M.V. SURYANARAYANA
Sr. KAPIL S. SHAH

Capítulo 1
INTRODUÇÃO

1.1 GERAL

A existência de água no estado líquido torna a Terra única entre os planetas conhecidos. A Terra possui uma grande quantidade de água: mais de 70% da sua superfície está coberta de água ou de gelo. A água está continuamente a evaporar, a condensar, a ser transportada e a precipitar num ciclo interminável conhecido como ciclo hidrológico. O ciclo hidrológico envolve muitos elementos hidrometeorológicos. Um desses elementos - a precipitação - constitui a principal variável na maioria das aplicações hidrológicas e de recursos hídricos. A precipitação é a principal entrada para as diferentes previsões de precipitação. A análise exacta da precipitação é importante para aplicações como a previsão de chuvas fortes e inundações repentinas, o planeamento e a gestão dos recursos hídricos a longo prazo, a previsão do rendimento das culturas, os estudos de tempestades e inundações prováveis e os estudos do orçamento hídrico atmosférico terrestre. Uma das aplicações mais importantes da análise da precipitação é o controlo em tempo real dos sistemas de drenagem urbana, que requer informações espaciais e temporais pormenorizadas sobre a distribuição da intensidade da precipitação.

Nos sistemas urbanos combinados de esgotos, a precipitação representa uma preocupação sanitária, uma vez que a análise da precipitação é utilizada para minimizar a descarga de águas residuais não tratadas nas massas de água receptoras locais. Os transbordos de águas residuais não tratadas ocorrem em casos de precipitação intensa para os quais não existe uma previsão prévia da precipitação. O conhecimento antecipado da precipitação e dos caudais resultantes em pontos-chave do sistema combinado de esgotos é essencial para minimizar os transbordamentos de esgotos combinados.

Utilizando dados de radares meteorológicos, os hidrometeorologistas têm como objetivo fornecer informações mais precisas sobre o local onde uma tempestade irá atingir e a quantidade de neve ou chuva que a área irá provavelmente receber com antecedência. Esta informação é valiosa para organizações como os municípios e as autoridades de conservação responsáveis pelo controlo das cheias e pela gestão do transbordo de esgotos combinados e do escoamento de águas pluviais nas cidades e vilas. Além disso, a informação sobre o local, a hora e a quantidade de precipitação prevista pode ajudar as equipas rodoviárias municipais e provinciais com estratégias de proteção contra inundações repentinas. Durante fenómenos meteorológicos graves, em que cada minuto conta, uma melhor previsão dos acontecimentos dar-nos-á mais tempo para proteger o nosso ambiente, as nossas famílias e a nossa propriedade.

1.2 PROCESSO HIDROLÓGICO

Os processos hidrológicos que ocorrem dentro e acima de uma bacia hidrográfica, desde a formação da precipitação até ao caudal que sai através de um rio, são muitos e complexos. Os mais importantes estão assinalados na figura. Tendo em conta a localização da área estudada e as suas caraterísticas climáticas, a formação de neve e a fusão da neve não serão consideradas.

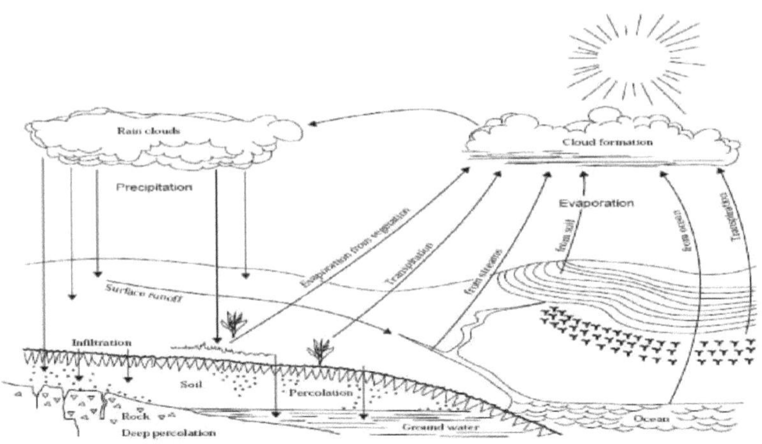

Fig. 1.1 Representação esquemática dos processos hidrológicos

A precipitação ocorre quando as massas de vapor de água se condensam, impulsionadas pelo arrefecimento das massas de ar através do movimento ascendente. Nas latitudes médias-norte, as precipitações são sobretudo frontais, ou seja, o ar quente e húmido é elevado pelo ar frio e mais denso que se move por baixo, ou convectivas, em que as massas de ar são aquecidas pelo calor proveniente da superfície do solo. Cai diretamente na rede de ribeiros e rios e contribui imediatamente para o escoamento superficial. Aproximadamente 1 a 1,5 mm de qualquer chuva individual é interceptada pelo dossel da vegetação. A restante precipitação atinge o solo e é separada em perdas, que se infiltram e percolam através dos solos, e precipitação líquida, que contribui diretamente para o escoamento superficial. A maior parte da precipitação interceptada e uma parte da água que atingiu o solo regressam à atmosfera através da evapotranspiração (combinação da evaporação da água no solo e da transpiração pela vegetação), que envolve uma mudança de estado da água líquida para o vapor de água, com uma energia fornecida principalmente pela radiação solar.

1.3 PRECIPITAÇÃO

A precipitação ocorre como resultado de diferentes processos atmosféricos que interagem em diferentes escalas espaciais e temporais. Estas escalas são normalmente classificadas em quatro categorias principais: a microescala, a mesoescala, a escala sinóptica e a escala climatológica. Cada categoria é também subdividida em subcategorias. Este estudo diz respeito à estimativa e previsão da precipitação numa escala fina importante para as aplicações hidrológicas. Esta escala é geralmente designada em meteorologia por escala meso-y.

1.4 FORMAS DE PRECIPITAÇÃO

Existem muitos tipos diferentes de precipitação - chuva, neve, granizo e granizo, mas todos eles têm algumas coisas em comum. Todos eles provêm de nuvens. São todas formas de água que caem do céu. Além disso, todas elas afectam a vida na Terra, quer positiva quer negativamente, fazendo crescer as flores do jardim ou causando danos maciços nas colheitas.

Os tipos mais comuns de precipitação

Chuva

As gotas de água líquida caem das nuvens quando o vapor de água se condensa à volta das partículas de poeira nas nuvens, formando gotículas minúsculas que acabam por se tornar demasiado grandes para a nuvem as reter, pelo que caem, aumentando de tamanho à medida que recolhem mais água no seu caminho para baixo.

Neve

A neve é gelo que cai do céu. Cada floco de neve é um arranjo delicadamente complexo de cristais de gelo. Um floco de neve forma-se quando o vapor de água sublima, ou se transforma diretamente de um gás na sua forma sólida, o gelo.

Salve

O granizo é gelo que cai do céu, muitas vezes com formas redondas. O granizo forma-se no interior das nuvens de trovoada quando o ar em movimento ascendente impede a queda de pellets de água congelada. Os grânulos aumentam de tamanho à medida que as gotas de água muito fria os atingem e congelam. Eventualmente, as bolas de gelo tornam-se tão grandes e pesadas que caem no chão como pedras de granizo. A maior pedra de granizo documentada pesava mais de um quilo e meio! Os cientistas estimam que atingiu uma velocidade de mais de 80 mph quando caiu em direção à Terra.

Sleet

O granizo é como a lama que cai do céu. O granizo forma-se quando as gotas de chuva se congelam e se transformam em gelo ao caírem no chão. São normalmente mais pequenas e mais húmidas do que as pedras de granizo.

1.5 TIPOS DE PRECIPITAÇÃO

Para efeitos do presente estudo, a precipitação pode ser classificada, segundo o seu mecanismo e o seu nível de intensidade, em três tipos principais:

1.5.1 Precipitação convectiva

1.5.2 Precipitação ciclónica (generalizada); e

1.5.3 Precipitação orográfica.

Precipitação convectiva (trovoada)

A precipitação convectiva está associada a nuvens cumulus altas. É causada pelo movimento ascendente do ar que é mais quente do que o que o rodeia. Este tipo de precipitação é mais dominante nos trópicos, onde a superfície do solo é aquecida de forma desigual. A elevação térmica do ar carregado de humidade provoca este tipo de precipitação. Existem três subcategorias conhecidas:

(1) As células convectivas dispersas desenvolvem-se devido ao forte aquecimento da superfície terrestre no verão;

(2) Aguaceiros de chuva que podem formar-se em ar frio, húmido e instável que passa sobre uma superfície mais quente; e

(3) Actividades convectivas associadas à passagem de frentes frias, normalmente designadas por linhas de tempestade.

A precipitação convectiva é caracterizada por um elevado nível de intensidade de precipitação e é altamente variável no espaço e no tempo. É possível que esta chuva caia a taxas de 3850 cm/h durante curtos períodos de tempo. Não são raros os casos de precipitação de 15-30 cm numa hora de uma tempestade convectiva. A dimensão de uma tempestade convectiva é geralmente muito pequena. Essas tempestades podem atingir 1600 km^2 nos casos de sistemas convectivos de mesoescala MCS (MCS são sistemas compostos por um grande número de células de tempestade que se deslocam em grupos e cobrem grandes áreas). As tempestades convectivas podem cobrir pequenas bacias de drenagem, mas não podem cobrir completamente grandes bacias de drenagem. Deve notar-se que a elevada variabilidade espacial e temporal da precipitação convectiva torna muito difícil estimar/prever com precisão a sua estrutura detalhada no espaço e no tempo com as resoluções necessárias para uma aplicação hidrológica fina.

Uma célula de tempestade convectiva passa por três fases (conhecidas como crescimento, maturidade e dissipação) no seu ciclo de vida. Quanto mais tempo uma tempestade preserva a sua estrutura, maior é a sua previsibilidade no futuro. Isto porque a estrutura atual da precipitação pode ser projectada para o futuro com um elevado grau de confiança. O ciclo de vida de uma única célula convectiva dura, em média, de 30 a 60 minutos, o que lhe confere uma previsibilidade muito baixa para além desse tempo.

Precipitação ciclónica (precipitação generalizada)

Em comparação com a precipitação convectiva, a precipitação ciclónica é tipicamente caracterizada por taxas de precipitação mais leves e mais uniformes, uma cobertura espacial mais extensa e uma duração mais longa. A precipitação ciclónica é referida noutra terminologia como precipitação generalizada. Outro exemplo de precipitação generalizada ocorre em casos de precipitação ciclónica em sistemas de baixa pressão. Este tipo de precipitação ocorre como consequência do ar quente e húmido ser atraído para o sistema de baixa pressão, onde é elevado no ar e circula sobre o ar frio atrás da frente. A quantidade de humidade atraída para o sistema de baixa pressão depende da intensidade da baixa e da fonte de humidade disponível. A intensidade da precipitação resultante deste tipo de situação é ligeira a média. Em comparação com a precipitação convectiva, a precipitação generalizada mantém o seu estado durante períodos relativamente mais longos. Os ciclones são responsáveis pela maior parte das chuvas de inverno no Punjab e em Haryana.

Precipitação Orográfica

Quando uma parcela de ar quente e húmido chega a uma cadeia montanhosa, é elevada pela encosta da montanha, arrefecendo à medida que sobe. Fica então saturado de água. Essa água começa a cair sob a forma de chuva, neve ou granizo, consoante a temperatura do ar circundante. Este processo é conhecido como elevação orográfica e o arrefecimento do ar resulta frequentemente em grandes nuvens, precipitação e, nalguns casos, mesmo trovoadas. Esta precipitação é composta por aguaceiros e chuva constante. O vento, fortemente carregado de humidade proveniente da baía de Bengala, atinge a vertente sul dos Himalaias, provocando chuvas intensas nas proximidades de Cherapuji Meghalaya.

1.6 CONCEITOS ENVOLVIDOS NA ANÁLISE HIDROLÓGICA

Para poder determinar a intensidade provável da precipitação para uma dada duração e período de retorno, é razoável aplicar definições aos conceitos hidrológicos adequados. De acordo com Mc Cuen, Richard (1982), estes conceitos são definidos da seguinte forma

Duração: O período de tempo durante o qual ocorre um evento de precipitação (chuva). A unidade de duração é o minuto ou a hora (hr).

Volume: A quantidade de precipitação que ocorre durante a duração da tempestade. O volume é por vezes referido como quantidade. Ao longo do estudo, o termo quantidade é utilizado em vez de volume. A unidade de volume/quantidade é polegadas (in) ou milímetros (mm). O volume é normalmente registado como profundidade, que se presume estar uniformemente distribuída ao longo de uma bacia hidrográfica. Por conseguinte, o volume total é igual à profundidade multiplicada pela área da bacia hidrográfica.

Frequência: A frequência de ocorrência de eventos com o mesmo volume (quantidade) e duração.

1.7 DISTRIBUIÇÃO DE FREQUÊNCIAS

A distribuição de frequências da precipitação diária é, em geral, positivamente enviesada, uma vez que a maior parte dos fenómenos de precipitação diária são fenómenos ligeiros, com menos fenómenos pesados e extremos. Este padrão pode ser descrito utilizando as distribuições de probabilidade. A distribuição pode ser caracterizada por três parâmetros: forma (a), localização (y) e escala (P), que descrevem suficientemente uma vasta gama de distribuições. O parâmetro de forma a, descreve a assimetria da distribuição. Valores baixos de a (inferiores a 1) dão origem a uma distribuição em que o máximo da variável x ocorre em $x = 0$. O parâmetro P dimensiona a distribuição, esticando-a ou encolhendo-a ao longo do eixo x. Alguns exemplos destes parâmetros aparecem em, que mostra distribuições com diferentes parâmetros de forma e escala e a mesma média. Como se depreende das equações, o produto dos parâmetros de forma e de escala é igual à média das observações não nulas. Assim, se a média se mantiver constante e a diminuir, P tem de aumentar, e vice-versa, olhando para a precipitação mensal na bacia hidrográfica de Panamá, definimos regiões como "dominadas pela forma" (grande a, pequeno P) ou "dominadas pela escala" (pequeno a, grande P). Os regimes dominados pela forma tendem a definir áreas que tipicamente recebem uma acumulação consistente de precipitação no registo histórico, com menos eventos extremos. As áreas dominadas pela escala têm uma grande variação em comparação com a média, com mais fenómenos extremos.

1.8 DISTRIBUIÇÃO DE PROBABILIDADE

Estudos de modelação da distribuição gama da precipitação diária descobriram que o parâmetro de escala, que representa a precipitação intensa e extrema, é muito sensível a alterações no clima médio. Os parâmetros encontrados na distribuição de frequência são utilizados neste modelo e a função de distribuição de probabilidade derivada. Foram utilizados quinze tipos de distribuições de acordo com as propriedades dos parâmetros.

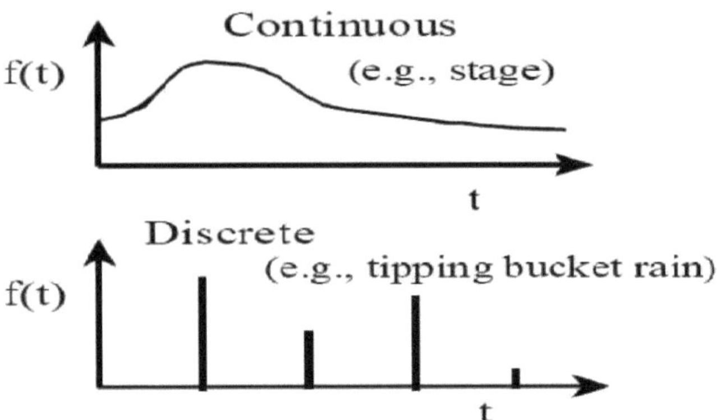

Fig.1.2 Tipos de distribuições de probabilidade

As distribuições utilizadas são de dois tipos:

Função de probabilidade contínua

A maioria dos sinais hidrológicos, como a temperatura, o nível e o caudal, são definidos em cada instante de tempo (mas podem ser medidos em intervalos de tempo discretos). Embora a maioria dos dados de sejam contínuos, a maior parte das operações são efectuadas em dados discretos devido à facilidade de visualização e porque as operações numéricas computorizadas assim o exigem. Algumas das distribuições contínuas utilizadas neste estudo são descritas aqui.

a) Distribuição Exponencial - análoga contínua da distribuição geométrica, descreve o tempo até à primeira ocorrência de um evento de Poisson; tempo entre eventos (os tempos de inter-chegada de um processo de Poisson são independentes e exponencialmente distribuídos). A "distribuição exponencial" é descrita por a = 1.

b) Distribuição gama - É limitada à esquerda por zero e positivamente enviesada.

c) Distribuição normal (ou gaussiana) - é uma função que indica a probabilidade de qualquer observação real se situar entre dois limites reais ou números reais, à medida que a curva se aproxima de zero em cada lado. As distribuições normais são extremamente importantes em estatística e são frequentemente utilizadas nas ciências naturais e sociais para variáveis aleatórias de valor real cujas distribuições não são conhecidas. Valores elevados do parâmetro de forma (a > ~ 20) significam uma distribuição que se aproxima da distribuição gaussiana ou normal.

d) *A distribuição t* de Student (ou simplesmente a *distribuição t*) é uma família de distribuições de probabilidade contínuas que surgem quando se estima a média de uma população normalmente distribuída em situações em que a dimensão da amostra é pequena e o desvio padrão da população é desconhecido. Desempenha um papel importante numa série de análises estatísticas muito utilizadas, incluindo o *teste t* de Student para avaliar o significado estatístico da diferença entre duas médias , amostraisa construção de intervalos de confiança para a diferença entre duas médias populacionais e a análise de regressão .linear

Função de probabilidade discreta

Uma distribuição estatística cujas variáveis só podem assumir valores discretos é conhecida como função de probabilidade discreta.

(a) Experimento único: Distribuição de Bernoulli - Tipo de experiência mais simples, em que os resultados podem ser designados por "sucesso" ou "fracasso":

(b) Ensaios repetidos: Distribuição Binomial - Sequência de ensaios de Bernoulli, em que a probabilidade de sucesso **p** é a mesma para cada ensaio, e os ensaios são todos mutuamente independentes,

(c) Distribuição Geométrica - Assumindo a independência das tentativas e um valor constante de p, a distribuição de probabilidade de N (o número de tentativas para o primeiro sucesso, uma variável aleatória).

(d) Distribuição de Poisson - É a distribuição que expressa a probabilidade de ocorrência de um determinado número de eventos num intervalo fixo de tempo e/ou espaço, se esses eventos ocorrerem com uma taxa média conhecida e independentemente do tempo decorrido desde o último evento. A distribuição de Poisson também pode ser utilizada para o número de eventos noutros intervalos especificados, tais como distância, área ou volume.

1.9 FOCO DO ESTUDO

Os dados sobre a precipitação em resolução fina e o conhecimento das suas caraterísticas desempenham um papel importante na conceção e funcionamento eficientes dos sistemas agrícolas, de controlo do escoamento superficial e da erosão, bem como de controlo da qualidade da água. Uma boa compreensão do padrão e da distribuição da precipitação é importante para a gestão dos recursos hídricos de um país. Este estudo utilizou os dados de precipitação até 1965 e efectuou análises de frequência para várias durações de tempestades de um dia a um ano e para períodos de retorno de dois a 200 anos.

Um modelo é concetualmente uma substituição de um sistema. A substituição matemática é a simplificação exequível do sistema. É utilizada para estudar o sistema. Assim, neste estudo, o nosso objetivo é fazer uma estimativa para o parâmetro único e prever o mesmo para a estimativa univariada com o período de tempo com a ajuda do modelo avaliado.

A maior parte dos fenómenos hidrológicos que ocorrem como fenómenos naturais são observados apenas uma vez. Um dos problemas importantes em hidrologia é a interpretação de registos passados de fenómenos hidrológicos em termos de probabilidades futuras de ocorrência. O procedimento para estimar a frequência de ocorrência de um acontecimento hidrológico é conhecido como análise de frequência. Embora a precipitação seja errática e varie no tempo e no espaço, é geralmente possível prever períodos de retorno utilizando várias distribuições de probabilidade.

Para facilitar o estudo, o estudo realizado está dividido em várias secções, como se segue:

1. Distribuições de probabilidade
   - Método de estimativa de verosimilhança
   - Método dos momentos
   - Método dos mínimos quadrados

2. Cálculo do intervalo de recorrência para um período diferente
    - Statassist (software)
3. Geração de mapas iso-hetálicos
    - Surfer (software dourado)

1.10 OBJECTIVOS DO PRESENTE ESTUDO

Neste estudo, será adoptada uma estimativa univariada para ajustar os dados de precipitação de 30 anos de duração. Várias distribuições, como a normal, a qui-quadrada, a gama e a de Johnson, serão empregues no ajustamento dos dados.

Estes objectivos específicos devem incluir o seguinte:

Determinar os parâmetros estatísticos dos dados de precipitação para as diferentes estações pluviométricas.

Determinar a distribuição mais adequada a partir dos três testes de hipóteses, ou seja, Kolmogrove-smirnov, Anderson-Darling e Qui-Quadrado.

Determinar a frequência / período de retorno dos futuros fenómenos de precipitação

Preparar mapas que mostrem os contornos das profundidades da precipitação (mapas isohetais) para uma duração selecionada, ou seja, anual e períodos de retorno, ou seja, 2 anos, 5 anos, 10 anos, 20 anos, 50 anos, 100 anos e 200 anos para todas as catorze estações pluviométricas na bacia hidrográfica do Panam.

Capítulo 2

METODOLOGIA

2.1 GERAL

Com base nos critérios para o melhor ajuste, foi selecionada uma distribuição de probabilidade para o cálculo do período de retorno. Esta distribuição de probabilidade selecionada foi utilizada para ajustar os dados da série anual para todas as estações selecionadas. Os resultados da análise forneceram as profundidades de precipitação para vários períodos de retorno em cada estação. Estes processos foram repetidos para quatro durações de precipitação (isto é, anualmente, sazonalmente, mensalmente e semanalmente), apenas para ajudar na escolha de uma distribuição. A seleção de uma distribuição também deve envolver alguma intuição e senso comum.

2.2 ELEMENTO DE ESTATÍSTICA NOS DADOS HIDROLÓGICOS ANÁLISE

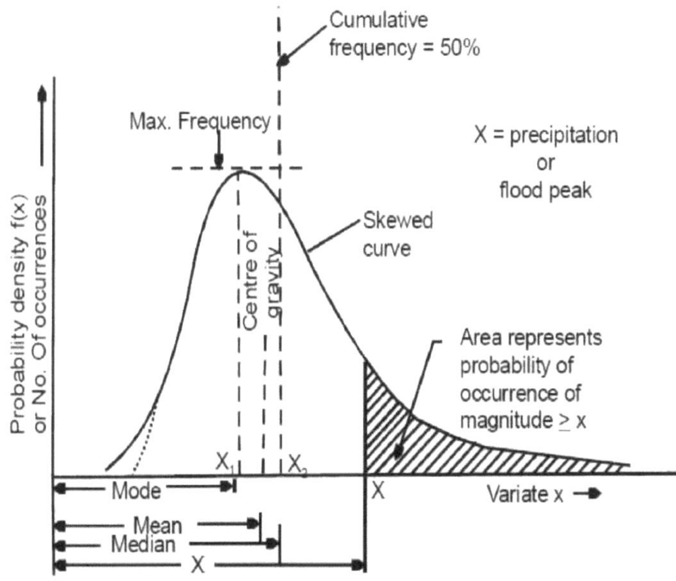

Fig. 2.1 Um gráfico com parâmetros estatísticos

Amostra

Amostra é um termo utilizado para se referir a valores observados de x (variante) durante um número finito de anos; por exemplo, a precipitação anual durante 20 anos dá uma amostra. A precipitação é um fenómeno aleatório caracterizado por um determinado valor que varia no tempo e no espaço. Esta caraterização é designada por variável, enquanto o valor da variável é uma variante. Quando o valor de uma variante é independente de qualquer outra, a variável em causa é conhecida como "variável aleatória". Como os processos hidrológicos são maioritariamente aleatórios, as suas respectivas variáveis são igualmente aleatórias.

População

Uma população inclui todos os elementos do conjunto de observações que podem ser efectuadas. Uma caraterística mensurável de uma população, como a média ou o desvio-padrão, é designada por parâmetro. Dependendo do método de amostragem, uma amostra pode ter menos observações do que a população, o mesmo número de observações ou mais observações. Mais de uma amostra pode ser obtida da mesma população.

Tendência central

A tendência central, também designada por média, é um representante de um conjunto de dados. Porque tende a situar-se no centro do conjunto de dados, quando organizados de acordo com a sua magnitude.

Gráfico P-P

Em estatística, um gráfico P-P (gráfico de probabilidade-probabilidade ou gráfico de percentagem-percentagem) é um gráfico de probabilidade para avaliar a concordância entre dois conjuntos de dados, que apresenta as duas funções de distribuição cumulativa uma contra a outra. Os gráficos P-P são de uso geral, particularmente quando as observações não são todas modeladas com a mesma distribuição. Um gráfico P-P pode ser utilizado como complemento gráfico de um teste de ajuste de distribuições de probabilidade

Gráfico Q-Q

A hipótese de um modelo normal para uma população de respostas é necessária para efetuar determinados procedimentos de inferência. **O histograma** pode ser usado para se ter uma ideia da forma de uma distribuição. No entanto, existem ferramentas mais sensíveis para verificar se a forma está *próxima* de um modelo normal - um gráfico Q-Q.

O gráfico Q-Q é um gráfico dos percentis (ou quintis) de uma distribuição normal padrão contra os percentis correspondentes dos dados observados. Se as observações seguirem aproximadamente uma distribuição normal, o gráfico resultante deve ser aproximadamente uma linha reta com um declive positivo. O Q-Q (quantil-quantil) gráfico é mais utilizado, mas ambos são referidos como "o" gráfico de probabilidades e podem ser confundidos.

Frequência

A frequência pode ser discutida em termos de probabilidade de excedência P, que se presume ser de um ano, e por isso referida como probabilidade de excedência anual. A probabilidade de excedência é definida como a probabilidade de um evento de precipitação com uma quantidade e duração especificadas ser excedido num período de tempo (normalmente um ano). A frequência também pode ser discutida em termos de intervalo médio de recorrência, normalmente designado por período de retorno. O período de retorno é o período médio de tempo entre eventos com a mesma quantidade e duração.

A probabilidade de excedência pode ser calculada utilizando a fórmula de Weibull.

Período de retorno

Um período de retorno, também conhecido como intervalo de recorrência, é uma estimativa da probabilidade de ocorrência de um evento, como uma chuva, uma inundação ou uma descarga fluvial. A discussão da frequência em termos da

probabilidade de excedência e do período de retorno pode ser exemplificada utilizando um evento de precipitação com duração e quantidade especificadas que tem 1% de probabilidade de ocorrer num ano. Por exemplo, uma quantidade de precipitação de 48,2 mm em 1 hora pode ser igualada ou excedida, em média, uma vez em cada 100 anos. Assim, o período de retorno para o evento de precipitação é
100 anos. Enquanto a probabilidade de excedência é de 0,01, o que equivale a um por cento. É importante notar que o período de retorno de 100 anos não significa que o evento só ocorrerá uma vez em cada 100 anos. Em vez disso, para cada ano, existe uma probabilidade de 1% (uma probabilidade de 1 em 100) de o evento de precipitação ser igualado ou excedido. A probabilidade de excedência é muitas vezes preferida ao conceito de período de retorno, uma vez que transmite a probabilidade ou possibilidade de uma determinada precipitação que existe em cada ano.

A teoria estatística desenvolvida por Laurenson (1987) pode ser utilizada para calcular a probabilidade de um valor de evento de precipitação ocorrer ou ser excedido durante um período mais longo. Por exemplo, um sumidouro concebido para lidar com uma probabilidade de ultrapassagem de 0,1 ou 10% e um período de retorno de precipitação de 10 anos tem 10 hipóteses de ser ultrapassado no próximo ano, 39% de hipóteses nos próximos cinco anos e 63% de hipóteses nos próximos dez anos

2.3 AJUSTE DA DISTRIBUIÇÃO DE PROBABILIDADE

Para este estudo, foram consideradas vinte distribuições de probabilidade. As distribuições foram as seguintes: Normal, Lognormal de dois parâmetros, Lognormal de três parâmetros, Gama de dois parâmetros, Gama de três parâmetros, Weibull, Log Pearson Tipo III, Beta, Qui-quadrado, Exponencial, Exponencial de dois parâmetros, Valor extremo generalizado, Gama generalizada, Gumble max e min, Johnson SB, Sudents t e Uniforme. Foi utilizado um programa informático de análise de frequências da Mathwave (programa informático para Windows desenvolvido para selecionar parâmetros para várias distribuições de probabilidades adequadas à análise de frequências, EASYFIT 5.0 1990) (que está disponível em versão experimental de dois meses).

2.4 IDENTIFICAÇÃO DO MELHOR AJUSTEPROBABILIDADE DISTRIBUIÇÃO

Quando várias distribuições de probabilidade são ajustadas a uma determinada série de dados, é necessário um conjunto de critérios para testar a qualidade do ajuste. O teste de adequação mede a compatibilidade da amostra aleatória com a distribuição de probabilidade teórica.

Teste de adequação de hipóteses

Este teste é utilizado para decidir se uma amostra provém de uma hipótese contínua distribuição.

O teste de adequação é aplicado para testar o seguinte

- Hipótese nula:

  Ho: os dados da precipitação seguem a distribuição especificada

- Hipótese alternativa

HA: os dados da precipitação não seguem a distribuição especificada

Existem três testes estatísticos disponíveis para determinar a bondade do ajuste e são eles

1) Teste do Qui-Quadrado
2) Teste de Anderson-Darling e
3) Teste de Kolmogorov - Smirnov.

No conjunto acima, é testada a hipótese de que as séries de dados fornecidas provêm de uma distribuição de probabilidade específica. A desvantagem deste teste é que uma única observação numa classe com uma expetativa baixa pode resultar num valor de qui-quadrado superior ao valor crítico, rejeitando assim a hipótese. Não estão disponíveis testes alternativos para testar a qualidade do ajuste.

1) Teste do Qui-Quadrado

Para este estudo, foi utilizado um teste de qui-quadrado para testar a adequação das catorze distribuições de probabilidade selecionadas. O programa de computador calculou o valor do qui-quadrado para cada distribuição em cada estação selecionada. A distribuição de probabilidade que aceitou a hipótese de teste (com o valor do qui-quadrado inferior ao valor tabelado) foi considerada como a distribuição mais bem ajustada para essa estação e para a duração .

2) Teste de Anderson-Darling

O procedimento de Anderson-Darling é um teste geral para comparar o ajuste de uma função de distribuição cumulativa observada a uma função de distribuição cumulativa esperada. Este teste dá mais peso às caudas do que o teste de Kolmogorov-Smirnov.

3) Teste de Kolmogorov - Smirnov

A estatística de Kolmogorov-Smirnov (D) baseia-se na maior diferença vertical entre a função de distribuição cumulativa teórica e a empírica:

Para determinar a distribuição de probabilidade mais bem ajustada, foi estabelecido um conjunto de critérios. Critérios de seleção para a distribuição de probabilidade mais adequada (teste da adequação)

a. valor crítico total (acumulado) mais baixo para as estações selecionadas,
b. número máximo de estações que têm o valor crítico mais baixo, e
c. menor número de estações que rejeitaram a hipótese.

O procedimento para encontrar o melhor ajuste é o seguinte

Os três testes de adequação acima referidos foram aplicados aos dados de precipitação, tratando diferentes conjuntos de dados.

As estatísticas de cada teste foram calculadas e testadas ao nível de significância (a= . 1).

Por conseguinte, a classificação das diferentes distribuições de probabilidade foi assinalada de 1 a 15 com base no valor estatístico mínimo do teste

A distribuição que detém a primeira posição foi selecionada para os três testes de forma independente

As avaliações de todas as distribuições de probabilidade foram efectuadas com base na pontuação total do teste obtida pela combinação dos três testes.

A pontuação total de todos os três testes foi resumida para identificar a distribuição mais adequada com base na pontuação mais elevada obtida.

Finalmente, foram obtidas as distribuições de probabilidade mais adequadas para a precipitação máxima em diferentes estações pluviométricas e foi identificada a distribuição mais adequada para cada estação pluviométrica.

2.5 CÁLCULO DO PERÍODO DE RETORNO E PROBABILIDADE DE EXCEDÊNCIA

Com base no período de registo disponível para cada estação, as séries anuais foram geradas e utilizadas pelo programa informático statassist.

O modelo de melhor distribuição selecionado será utilizado para prever as profundidades máximas diárias de precipitação para todas as catorze estações pluviométricas para vários períodos de retorno de 2,5, 10, 20, 50, 100 e 200 anos.

2.6 CURVA ISO-HÍDRICA PARA VÁRIOS PERÍODOS DE RETORNO

A análise dos dados de precipitação exige o tratamento de grandes volumes de dados e o cálculo repetido de um certo número de parâmetros estatísticos para o ajuste da distribuição e a estimativa da precipitação esperada em diferentes períodos de retorno. A utilização de atlas de frequência de precipitação pode reduzir consideravelmente o tédio computacional envolvido na análise de frequência de precipitação. Foram preparados mapas para algumas regiões, particularmente na África Oriental, mostrando a precipitação anual suscetível de ser igualada ou excedida em 80% dos anos. Estes mapas são extremamente úteis para fins de planeamento. Neste estudo, os mapas de isoietas foram construídos utilizando o Surfer. O Surfer é um programa de contorno e mapeamento de superfícies 3D que funciona no Microsoft Windows. Com os mapas estabelecidos, a profundidade da precipitação para qualquer período de retorno para qualquer local (longitude e latitude) na área de captação pode ser estimada mais facilmente e mais rapidamente sem ter de passar pelo rigor de ajustar novamente os modelos de distribuição de probabilidade. Estes são muito úteis para fins de conceção e planeamento.

O software Surfer dispõe de 12 métodos de interpolação diferentes para gerar o modelo de superfície GRID, em que vários métodos de interpolação, incluindo a interpolação Kriging, a interpolação de ponderação da distância inversa, a interpolação do método de Shepard modificado, a interpolação da função de base radial, etc., são utilizados. No presente estudo, é utilizado o método de interpolação Kriging, uma vez que se trata de um método de grelha geoestatística que se revelou útil e popular em muitos domínios. A Krigagem tenta exprimir as tendências sugeridas nos seus dados. A krigagem é um método de grelha muito flexível.

Capítulo 3

RESULTADOS E ANÁLISE

3.1 GENERALIDADES

Foram calculados parâmetros estatísticos como a média, o desvio padrão, o coeficiente de variação, a precipitação máxima e a assimetria da precipitação anual. Estes parâmetros estatísticos são utilizados para encontrar a precipitação máxima anual estimada a partir de diferentes funções de distribuição de probabilidade. Foram utilizadas vinte funções de distribuição de probabilidades e, em seguida, foi encontrado o melhor ajuste para cada estação pluviométrica. Os picos de precipitação para os períodos de retorno de 2, 5, 10, 50, 100 e 200 anos foram estimados para todas as estações pluviométricas. Foram gerados mapas de isoietas para vários períodos de retorno para a área de estudo considerada.

3.2 ESTATÍSTICAS DESCRITIVAS DOS DADOS DE PRECIPITAÇÃO ANUAL

Quadro 3.1 Estatísticas descritivas para Agarwada

Estatísticas	Valor	Percentil	Valor
Tamanho da amostra	41	Mínimo	310.1
Gama	1935.5	5%	360.6
Média	815.43	10%	396.66
Desvio	1.65E+05	25% (Q1)	498.25
Desvio Std. Desvio	406.62	50% (Mediana)	776.2
Coef. de variação	0.49866	75% (Q3)	1033.6
Erro Std.	63.504	90%	1213
Skewness	1.4998	95%	1842.1
Excesso de curtose	3.2043	Máximo	2245.6

Quadro 3.2 Estatísticas descritivas para Dahod

Estatísticas	Valor	Percentil	Valor
Tamanho da amostra	41	Mínimo	231
Gama	1422	5%	327.27
Média	751.84	10%	368.4
Desvio	1.05E+05	25% (Q1)	484.75
Desvio Std. Desvio	323.61	50% (Mediana)	695.1
Coef. de variação	0.43043	75% (Q3)	957.19
Erro Std.	50.54	90%	1170.5

Assimetria	0.78094	95%	1503.1
Excesso de curtose	0.5113	Máximo	1653

Quadro 3.3 Estatísticas descritivas para Devgarhbaria

Estatísticas	Valor	Percentil	Valor
Tamanho da amostra	38	Mínimo	333
Gama	1950.5	5%	387.25
Média	903.13	10%	427.8
Desvio	1.70E+05	25% (Q1)	589.42
Desvio Std. Desvio	412.62	50% (Mediana)	873.9
Coef. de variação	0.45688	75% (Q3)	1146.4
Erro Std.	66.936	90%	1345.9
Assimetria	1.2159	95%	1917.3
Excesso de curtose	2.4523	Máximo	2283

Quadro 3.4 Estatísticas descritivas para Dhandhela

Estatísticas	Valor	Percentil	Valor
Tamanho da amostra	25	Mínimo	125.6
Gama	1449.7	5%	185.39
Média	734.23	10%	352.38
Desvio	1.19E+05	25% (Q1)	485.1
Desvio Std. Desvio	345.66	50% (Mediana)	732
Coef. de variação	0.47078	75% (Q3)	895.75
Erro Std.	69.132	90%	1303.1
Skewness	0.72233	95%	1516.7
Excesso de curtose	0.36979	Máximo	1575.3

Quadro 3.5 Estatísticas descritivas para Khojalwas

Estatísticas	**Valor**	**Percentil**	**Valor**
Tamanho da amostra	25	Mínimo	141.5
Gama	1246.3	5%	143.84
Média	666.3	10%	175.52
Desvio	1.28E+05	25% (Q1)	399.65
Desvio Std. Desvio	358.3	50% (Mediana)	622.7
Coef. de variação	0.53775	75% (Q3)	944.6
Erro Std.	71.66	90%	1225.2
Assimetria	0.38016	95%	1352.5
Excesso de curtose	-0.71739	Máximo	1387.8

Quadro 3.6 Estatísticas descritivas para Limkheda

Estatísticas	**Valor**	**Percentil**	**Valor**
Tamanho da amostra	25	Mínimo	369.4
Gama	1308.6	5%	373.76
Média	801.27	10%	390.84
Desvio	1.35E+05	25% (Q1)	451
Desvio Std. Desvio	368.08	50% (Mediana)	777
Coef. de variação	0.45937	75% (Q3)	1005
Erro Std.	73.615	90%	1402.2
Assimetria	0.72627	95%	1603.9
Excesso de curtose	-0.15103	Máximo	1678

Quadro 3.7 Estatísticas descritivas para Mora

Estatísticas	**Valor**	**Percentil**	**Valor**
Tamanho da amostra	26	Mínimo	33.6
Gama	1356.8	5%	90.965
Média	720.52	10%	200.58
Desvio	1.35E+05	25% (Q1)	391.5
Desvio Std. Desvio	367.37	50% (Mediana)	690.01
Coef. de variação	0.50987	75% (Q3)	1028
Erro Std.	72.048	90%	1223.5
Assimetria	0.06807	95%	1371.7
Excesso de curtose	-0.79393	Máximo	1390.4

Quadro 3.8 Estatísticas descritivas para Morva

Estatísticas	**Valor**	**Percentil**	**Valor**
Tamanho da amostra	24	Mínimo	315.5
Gama	1129.2	5%	320.2
Média	762.91	10%	334.85
Desvio	1.02E+05	25% (Q1)	471.75
Desvio Std. Desvio	320.07	50% (Mediana)	742.4
Coef. de variação	0.41954	75% (Q3)	998.85
Erro Std.	65.335	90%	1280.5
Assimetria	0.41789	95%	1408.3

Excesso de curtose	-0.57569	Máximo	1444.7

Quadro 3.9 Estatísticas descritivas para Orwada

Estatísticas	Valor	Percentil	Valor
Tamanho da amostra	25	Mínimo	422.7
Gama	967.28	5%	431.94
Média	993.28	10%	458.42
Desvio	99611	25% (Q1)	838.04
Desvio Std. Desvio	315.61	50% (Mediana)	1034
Coef. de variação	0.31775	75% (Q3)	1254
Erro Std.	63.122	90%	1390
Assimetria	-0.49753	95%	1390
Excesso de curtose	-0.58131	Máximo	1390

Tabela 3.10 Estatísticas descritivas para a barragem de Panam

Estatísticas	Valor	Percentil	Valor
Tamanho da amostra	25	Mínimo	231.5
Gama	1281.9	5%	257.51
Média	812.62	10%	339.92
Desvio	1.04E+05	25% (Q1)	567
Desvio Std. Desvio	323.15	50% (Mediana)	843.6
Coef. de variação	0.39766	75% (Q3)	1013.8
Erro Std.	64.63	90%	1242

Skewness	0.17092	95%	1451.2
Excesso de Kfurtosis	-0.34724	Máximo	1513.4

Quadro 3.11 Estatísticas descritivas para Sangatala

Estatísticas	**Valor**	**Percentil**	**Valor**
Tamanho da amostra	25	Mínimo	306.4
Gama	1826.6	5%	323.44
Média	840.88	10%	366.2
Desvio	1.70E+05	25% (Q1)	495.8
Desvio Std. Desvio	412.91	50% (Mediana)	881.6
Coef. de variação	0.49105	75% (Q3)	1074.6
Erro Std.	82.582	90%	1300.9
Assimetria	1.1422	95%	1887.5
Excesso de curtose	2.5056	Máximo	2133

Quadro 3.12 Estatísticas descritivas para o Santrod

Estatísticas	**Valor**	**Percentil**	**Valor**
Tamanho da amostra	25	Mínimo	183.4
Gama	1206.3	5%	195.04
Média	651.16	10%	230.6

Desvio	1.12E+05	25% (Q1)	370.35
Desvio Std. Desvio	334.65	50% (Mediana)	647.5
Coef. De Variação	0.51393	75% (Q3)	900.9
Erro Std.	66.931	90%	1149.6
Skewness	0.51131	95%	1326.1
Excesso de curtose	-0.6065	Máximo	1389.7

Quadro 3.13 Estatísticas descritivas para Sehara

Estatísticas	**Valor**	**Percentil**	**Valor**
Tamanho da amostra	25	Mínimo	236.4
Gama	1274.6	5%	271.08
Média	812.9	10%	388
Desvio	1.23E+05	25% (Q1)	543.06
Desvio Std. Desvio	350.13	50% (Mediana)	872.6
Coef. de variação	0.43071	75% (Q3)	1101
Erro Std.	70.025	90%	1289.3
Assimetria	0.25972	95%	1493.9
Excesso de curtose	-0.86398	Máximo	1511

Quadro 3.14 Estatísticas descritivas para Vadodar

Estatísticas	**Valor**	**Percentil**	**Valor**
Tamanho da amostra	25	Mínimo	0

Gama	1346	5%	33.63
Média	740.93	10%	211.76
Desvio	1.27E+05	25% (Q1)	499.55
Desvio Std. Desvio	355.8	50% (Mediana)	740.4
Coef. de variação	0.4802	75% (Q3)	1078.2
Erro Std.	71.159	90%	1164.4
Skewness	-0.294	95%	1308.5
Excesso de curtose	-0.653	Máximo	1346

3.3 DISTRIBUIÇÕES DE PROBABILIDADE

Com base em três critérios previamente estabelecidos, foram avaliadas as distribuições de probabilidade para os catorze locais. As distribuições Johnson SB, Weilbull de três parâmetros, Gama, Valor Extremo Generalizado, Qui-quadrado e Normal foram as distribuições mais frequentemente ajustadas. Não houve uma única distribuição de probabilidade comum a todas as estações. Para efeitos de determinação teórica da função de probabilidade mais adequada, foram adoptadas ferramentas estatísticas (testes de adequação).

Os testes estatísticos foram efectuados de acordo com o procedimento padrão (Chowdhury e Stedinger (1991); Adegboye e Ipinyomi (1995); Murray e Larry (2000)). A avaliação dos modelos de distribuição de probabilidades baseou-se na classificação total do teste obtida em todos os testes. A classificação dos testes, que varia de um a vinte (1-20), é atribuída a cada modelo de distribuição com base no critério de que as distribuições com a melhor pontuação total são escolhidas como o melhor modelo de distribuição para os dados de uma determinada estação. Em geral, a distribuição melhor apoiada por um teste recebe uma classificação de (1); a melhor seguinte recebe dois (2); e assim por diante, por ordem ascendente. A uma distribuição é atribuída uma classificação de um para um teste se o teste indicar que existe uma diferença significativa entre os valores de precipitação estimados pelo modelo de distribuição e os dados de precipitação observados. Para cada categoria de teste, as classificações globais de cada distribuição foram obtidas através da soma das classificações individuais dos pontos em cada uma das 14 estações. Por exemplo, em O melhor ajuste é obtido de acordo com a pontuação da distribuição de três parâmetros de Weilbull, uma vez que a sua classificação total é inferior à das outras distribuições para os dados anuais em Agarwada.

Os resultados dos testes estatísticos (os testes de adequação) para todas as catorze estações pluviométricas são os seguintes: Tabela 3.15 a Tabela 3.28

Quadro 3.15 Adequação - Resumo para Agarwada

#	Distribuição	Kolmogorov Smirnov		Anderson Darling		Qui-quadrado		Total
		Estatísticas	Classificação	Estatísticas	Classificação	Estatísticas	Classificação	
1	Beta	0.10162	9	2.1533	13	1.2927	10	32
2	Qui-quadrado	0.48635	20	334.31	20	30.444	18	58
3	Qui-quadrado (2P)	0.12155	15	1.0868	11	1.3461	11	37
4	Exponencial	0.33166	19	5.8829	18	22.265	17	54
5	Exponencial (2P)	0.11462	13	2.6855	14	3.3894	12	39
6	Gama	0.08164	1	0.44669	8	0.93628	8	17
7	Gama (3P)	0.09127	8	0.27779	2	0.64906	4	14
8	General Extreme	0.08945	5	0.35761	4	5.1253	13	22
9	General Gamma	0.10373	10	0.44852	9	0.75635	6	25
10	General Gamma (4P)	0.16357	17	4.0684	15	6.2462	15	47
11	Gumbel Max	0.08789	4	0.41434	7	0.30674	1	12
12	Gumbel Min	0.16904	18	4.6286	17	6.7382	16	51
13	Johnson SB	0.09061	7	0.29655	3	0.50497	2	12
14	Lognormal	0.08756	3	0.36613	5	5.3033	14	22
15	Lognormal (3P)	0.10678	11	0.37444	6	0.58054	3	20
16	Normal	0.11915	14	1.1192	12	1.2532	9	35

17	t do aluno	0.99999	21	507.06	21	1.42E+07	19	61
18	Uniforme	0.1515	16	8.871	19	N/A		35
19	Weibull	0.10737	12	0.83542	10	0.77087	7	29
20	Weibull (3P)	0.08304	2	0.2646	1	0.70431	5	8

Quadro 3.16 Adequação - Resumo para Dahod

#	Distribuição	Kolmogorov Smirnov		Anderson querido		Qui-quadrado		Total
		Estatísticas	Classificação	Estatísticas	Classificação	Estatísticas	Classificação	
1	Beta	0.05772	4	2.0295	13	1.2927	10	27
2	Qui-quadrado	0.46855	20	229.38	20	40.395	18	58
3	Qui-quadrado (2P)	0.43753	19	212.51	19	21.898	17	55
4	Exponencial	0.32778	18	6.4139	17	14.055	16	51
5	Exponencial (2P)	0.18931	17	4.3437	16	9.807	15	48
6	Gama	0.06171	5	0.13107	4	0.13643	3	12
7	Gama (3P)	0.06839	9	0.13576	5	0.12888	2	16
8	General Extreme	0.06449	7	0.14188	6	0.20042	4	17
9	General Gamma	0.06298	6	0.14247	7	0.24281	5	18
10	General Gamma (4P)	0.05179	1	0.12697	3	0.45932	7	11
11	Gumbel Max	0.07696	12	0.19169	10	1.6077	12	34

12	Gumbel Min	0.15681	16	2.2688	14	4.6685	14	44
13	Johnson SB	0.05719	3	0.11874	1	0.1226	1	5
14	Lognormal	0.0775	13	0.1853	9	1.3672	11	33
15	Lognormal (3P)	0.07326	10	0.15762	8	0.43747	6	24
16	Normal	0.0864	14	0.47219	12	2.0161	13	39
17	t do aluno	0.99999	21	502.56	21	1.22E+07	19	61
18	Uniforme	0.0961	15	8.0695	18	N/A		33
19	Weibull	0.06799	8	0.34292	11	1.2597	9	28
20	Weibull (3P)	0.0562	2	0.12074	2	0.46821	8	12

Quadro 3.17 Adequação - Resumo para Devgarhbaria

#	Distribuição	Kolmogorv smirnov		Anderson querido		Qui-quadrado		Total
		Estatísticas	Classificação	Estatísticas	Classificação	Estatísticas	Classificação	
1	Beta	0.09735	6	2.098	17	0.13158	1	24
2	Qui-quadrado	0.48151	25	310.65	25	30.4	23	73
3	Qui-quadrado (2P)	0.09632	5	0.65963	14	0.65474	9	28
4	Exponencial	0.32444	23	5.8708	23	16.423	22	68
5	Gama	0.08704	3	0.31455	1	0.23244	2	6
6	Gama (3P)	0.11843	14	0.3942	10	0.42175	5	29
7	G. E. V.	0.0944	4	0.3206	3	0.60616	7	14
8	General Gamma	0.08367	1	0.32031	2	0.75727	12	15

9	General Gamma (4P)	0.17411	20	5.6208	22	N/A		42
10	Gumbel Max	0.09777	7	0.32573	4	0.61474	8	19
11	Gumbel Min	0.15112	18	3.6482	21	2.3122	16	55
12	Log-Pearson 3	0.10861	10	0.35172	6	0.69824	10	26
13	Lognormal	0.11312	11	0.37794	7	0.72876	11	29
14	Lognormal (3P)	0.11651	13	0.39362	9	0.40532	4	26
15	Normal	0.1009	8	0.68621	15	0.27419	3	26
16	Pearson 5	0.13679	16	0.55063	13	6.0068	20	49
17	Função de potência	0.2096	21	2.9331	19	10.632	21	61
18	t do aluno	1	26	479.2	26	1.853	24	76
19	Weibull	0.08607	2	0.53425	12	1.2782	13	27
20	Weibull (3P)	0.10765	9	0.34431	5	0.4977	6	20

Quadro 3.18 Adequação - Resumo para Dhandhela

#	Distribuição	**Kolmogorov Smirnov**		**Anderson Darling**		**Qui-quadrado**		**Total**
		Estatísticas	Classificação	Estatísticas	Classificação	Estatísticas	Classificação	
1	Beta	0.13954	13	1.7308	13	0.16187	3	29
2	Qui-quadrado	0.44	18	134.12	18	12.25	18	54
3	Qui-quadrado (2P)	0.46045	19	144.07	19	9	17	55
4	Exponencial	0.31891	17	3.4947	15	2.4143	14	46

5	Exponencial (2P)	0.2801	16	4.1672	16	3.2478	15	47
6	Gama	0.09465	2	0.30333	6	0.23305	11	19
7	Gama (3P)	0.10263	6	0.29489	4	0.18504	6	16
8	Valor extremo geral	0.09222	1	0.2764	1	0.21258	8	10
9	General Gamma	0.09511	3	0.30476	7	0.23552	12	22
10	General Gamma (4P)	0.10211	5	0.29637	5	0.18283	5	15
11	Gumbel Max	0.09553	4	0.28961	3	0.23149	10	17
12	Gumbel Min	0.18395	15	1.9022	14	3.6939	16	45
13	Johnson SB	0.10619	8	0.31053	8	0.21303	9	25
14	Lognormal	0.11898	10	0.43587	11	0.03444	1	22
15	Lognormal (3P)	0.10355	7	0.2876	2	0.1878	7	16
16	Normal	0.13249	12	0.53041	12	1.0393	13	37
17	t do aluno	0.99997	20	302.2	20	N/A		40
18	Uniforme	0.18235	14	8.0135	17	N/A		31
19	Weibull	0.12392	11	0.419	10	0.12694	2	23

20	Weibull (3P)	0.11332	9	0.34356	9	0.18027	4	22

Quadro 3.19 Adequação - Resumo para Khojalwas

#	Distribuição	Kolmogorov Smirnov		Anderson Querida		Qui-quadrado		Total
		Estatísticas	Classificação	Estatísticas	Classificação	Estatísticas	Classificação	
1	Beta	0.08341	4	1.8963	13	0.3	4	21
2	Qui-quadrado	0.41548	18	148.4	19	16	17	54
3	Qui-quadrado (2P)	0.43486	19	130.11	18	6.25	15	52
4	Exponencial	0.23995	17	2.2618	14	6.645	16	47
5	Exponencial (2P)	0.17947	15	2.7831	15	3.4031	14	44
6	Gama	0.09148	6	0.32599	10	0.49729	10	26
7	Gama (3P)	0.0989	9	0.23986	5	0.43468	8	22
8	Valor extremo geral	0.06503	1	0.15481	2	7.5E-04	1	4
9	General Gamma	0.10304	10	0.26453	7	0.43185	7	24
10	General Gamma (4P)	0.19134	16	4.8896	17	N/A		33

11	Gumbel Max	0.08974	5	0.3181	9	0.32069	5	19
12	Gumbel Min	0.15944	14	1.2638	12	2.366	13	39
13	Johnson SB	0.07194	2	0.12874	1	0.60452	11	14
14	Lognormal	0.13845	13	0.49085	11	0.36291	6	30
15	Lognormal (3P)	0.07362	3	0.20022	3	0.04057	2	8
16	Normal	0.09347	7	0.27438	8	0.71842	12	27
17	t do aluno	0.99998	20	291.07	20	N/A		40
18	Uniforme	0.10563	12	4.0932	16	N/A		28
19	Weibull	0.10309	11	0.21809	4	0.20973	3	18
20	Weibull (3P)	0.09396	8	0.25488	6	0.48774	9	23

Quadro 3.20 Adequação - Resumo para Limkheda

#	Distribuição	**Kolmogorov Smirnov**		**Anderson Darling**		**Qui-quadrado**		**Total**
		Estatísticas	Classificação	Estatísticas	Classificação	Estatísticas	Classificação	
1	Beta	0.10948	4	1.9524	12	1.9	10	26
2	Qui-quadrado	0.43854	19	152.83	19	12.25	15	53

3	Qui-quadrado (2P)	0.11495	5	0.5952	9	0.85257	6	20
4	Exponencial	0.36936	18	3.6368	14	6.7172	14	46
5	Exponencial (2P)	0.15288	11	2.6116	13	4.6761	13	37
6	Gama	0.10627	3	0.3977	2	0.70827	2	7
7	Gama (3P)	0.22282	17	5.0887	18	N/A		35
8	Valor extremo geral	0.1055	2	0.4082	3	1.7366	7	12
9	General Gamma	0.11614	6	0.4429	4	0.80705	5	15
10	General Gamma (4P)	0.21229	16	5.0072	17	N/A		33
11	Gumbel Max	0.11994	8	0.4685	5	1.8581	8	21
12	Gumbel Min	0.17043	15	1.7984	11	1.8696	9	35
13	Johnson SB	0.09277	1	0.3349	1	0.72265	3	5
14	Lognormal	0.1249	10	0.501	7	3.6918	12	29
15	Lognormal (3P)	0.16449	14	0.8201	10	3.3566	11	35
16	Normal	0.12034	9	0.5787	8	0.78875	4	21
17	t do aluno	1	20	308.61	20		16	56

18	Uniforme	0.16129	13	4.4908	15	N/A		28
19	Weibull	0.11802	7	0.4972	6	0.16679	1	14
20	Weibull (3P)	0.15744	12	4.5003	16	N/A		28

Quadro 3.21 Adequação - Resumo para Morva

#	Distribuição	Kolmogorov Smirnov		Anderson Querida		Qui-quadrado		Total
		Estatísticas	Classificação	Estatísticas	Classificação	Estatísticas	Classificação	
1	Beta	0.1199	8	1.0997	12	1.3213	8	28
2	Qui-quadrado	0.42715	19	130.01	19	14.625	18	56
3	Qui-quadrado (2P)	0.42302	18	125.6	18	8.0865	17	53
4	Exponencial	0.26862	17	2.59	15	8.0299	16	48
5	Exponencial (2P)	0.25559	16	4.1676	17	6.8672	15	48
6	Gama	0.12605	10	0.68926	9	1.7717	11	30
7	Gama (3P)	0.09958	4	0.2463	5	2.0149	13	22
8	Valor extremo geral	0.08617	1	0.19373	2	0.6468	4	7

9	General Gamma	0.16966	13	0.62944	8	0.5848	3	24
10	General Gamma (4P)	0.19415	14	1.4969	14	1.2358	7	35
11	Gumbel Max	0.12094	9	0.60646	7	1.7276	9	25
12	Gumbel Min	0.1364	11	0.86784	10	2.4487	14	35
13	Johnson SB	0.08993	2	0.16961	1	0.0408	1	4
14	Lognormal	0.20496	15	1.1754	13	0.2392	2	30
15	Lognormal (3P)	0.10184	7	0.24723	6	1.9436	12	25
16	Normal	0.10025	6	0.23341	4	1.7437	10	20
17	t do aluno	0.99956	20	303.54	20	N/A		40
18	Uniforme	0.09972	5	4.0682	16	N/A		21
19	Weibull	0.16302	12	0.9847	11	0.8668	5	28
20	Weibull (3P)	0.09544	3	0.23069	3	0.9114	6	12

Quadro 3.22 Adequação - Resumo para Morva

#	Distribuição	Kolmogorov Smirnov		Anderson Querida		Qui-quadrado		Total
		Estatísticas	Classificação	Estatísticas	Classificação	Estatísticas	Classificação	

1	Beta	0.13911	10	1.8915	13	0.0625	1	24
2	Qui-quadrado	0.375	19	153.4	19	10.01	17	55
3	Qui-quadrado (2P)	0.11146	3	0.33551	8	0.86845	12	23
4	Exponencial	0.3387	18	3.7771	16	6.6243	16	50
5	Exponencial (2P)	0.22144	15	2.5843	15	0.60329	8	38
6	Gama	0.12868	7	0.30767	4	0.5192	6	17
7	Gama (3P)	0.28327	17	2.5497	14	2.3178	15	46
8	Valor extremo geral	0.11632	5	0.24712	2	0.25581	3	10
9	General Gamma	0.12887	8	0.30784	5	0.5185	5	18
10	General Gamma (4P)	0.2502	16	3.1981	18	N/A		34
11	Gumbel Max	0.1404	11	0.45248	10	1.6648	14	35
12	Gumbel Min	0.15145	12	1.1597	12	1.3614	13	37
13	Johnson SB	0.11968	4	0.2002	1	0.33314	4	9
14	Lognormal	0.15685	13	0.3965	9	0.58844	7	29
15	Lognormal (3P)	0.13608	9	0.33542	7	0.8122	10	26
16	Normal	0.10785	2	0.31837	6	0.7923	9	17
17	t do aluno	0.99999	20	294.9	20	######	18	58
18	Uniforme	0.09648	1	4.1526	17	N/A		18

19	Weibull	0.12747	6	0.29816	3	0.12614	2	11
20	Weibull (3P)	0.1694	14	0.466	11	0.82101	11	36

Quadro 3.23 Adequação - Resumo Orwada

#	Distribuição	Kolmogorov Smirnov		Anderson Querida		Qui-quadrado		Total
		Estatísticas	Classificação	Estatísticas	Classificação	Estatísticas	Classificação	
1	Beta	0.25973	10	15.353	18	1.8002	11	39
2	Qui-quadrado	0.42188	19	157.36	19	0.25	2	40
3	Qui-quadrado (2P)	0.23861	6	1.5023	6	0.24159	1	13
4	Exponencial	0.38532	18	5.6667	16	19.213	18	52
5	Exponencial (2P)	0.3802	17	4.8538	14	7.0726	17	48
6	Gama	0.27926	12	2.0836	11	0.54861	6	29
7	Gama (3P)	0.24345	8	1.5793	9	0.32849	4	21
8	Valor extremo geral	0.2065	2	1.4132	2	2.4664	13	17
9	General Gamma	0.28652	13	1.8992	10	0.38202	5	28
10	General Gamma (4P)	0.3697	16	5.2088	15	2.5619	15	46
11	Gumbel Max	0.30632	15	3.0509	13	0.65277	8	36

12	Gumbel Min	0.21736	4	1.5691	8	2.2093	12	24
13	Johnson SB	0.21155	3	1.335	1	2.6758	16	20
14	Lognormal	0.30561	14	2.1063	12	0.59764	7	33
15	Lognormal (3P)	0.24631	9	1.5521	7	0.27431	3	19
16	Normal	0.23701	5	1.4545	4	1.7167	10	19
17	t do aluno	1	20	324.68	20	1.26E+07	19	59
18	Uniforme	0.24335	7	5.6674	17	N/A		24
19	Weibull	0.25992	11	1.4804	5	0.99215	9	25
20	Weibull (3P)	0.20031	1	1.4165	3	2.4763	14	18

Tabela 3.24 Adequação - Resumo para a barragem de Panam

#	Distribuição	Kolmogorov Smirnov		Anderson Darling		Qui-quadrado		Total
		Estatísticas	Classificação	Estatísticas	Classificação	Estatísticas	Classificação	
1	Beta	0.095	5	1.8535	14	0.3	9	28
2	Qui-quadrado	0.39967	18	73.418	18	6.25	15	51

3	Qui-quadrado (2P)	0.52165	19	108.23	19	6.25	16	54
4	Exponencial	0.30726	17	4.1496	17	14.442	18	52
5	Exponencial (2P)	0.23257	16	3.8778	15	9.0733	17	48
6	Gama	0.12871	11	0.33462	10	0.0793	1	22
7	Gama (3P)	0.09791	6	0.18068	5	0.20758	7	18
8	Valor extremo geral	0.08711	2	0.16124	1	0.15364	4	7
9	General Gamma	0.1324	12	0.31237	9	1.7368	12	33
10	General Gamma (4P)	0.09914	8	0.2714	8	0.36151	10	26
11	Gumbel Max	0.1468	14	0.54028	12	4.6004	14	40
12	Gumbel Min	0.14098	13	0.80282	13	1.028	11	37
13	Johnson SB	0.08843	3	0.16177	2	0.16978	5	10
14	Lognormal	0.15306	15	0.51006	11	3.5664	13	39

15	Lognormal (3P)	0.09273	4	0.17617	4	0.18849	6	14
16	Normal	0.08408	1	0.17148	3	0.12562	2	6
17	t do aluno	0.99999	20	310.38	20	N/A		40
18	Uniforme	0.10532	9	4.0652	16	N/A		25
19	Weibull	0.12128	10	0.26441	7	0.13879	3	20
20	Weibull (3P)	0.09812	7	0.18441	6	0.25716	8	21

Quadro 3.25 Adequação - Resumo para Sangtala

#	Distribuição	Kolmogorov Smirnov		Anderson Querida		Qui-quadrado		Total
		Estatísticas	Classificação	Estatísticas	Classificação	Estatísticas	Classificação	
1	Beta	0.13642	6	2.0643	12	1.61E-29	1	19
2	Qui-quadrado	0.4384	17	247.39	18	9	16	51
3	Qui-quadrado (2P)	0.55665	18	175.24	17	6.25	15	50
4	Exponencial	0.31075	16	3.4576	14	5.5275	14	44
5	Exponencial (2P)	0.17911	14	2.5072	13	5.061	13	40
6	Gama	0.12294	3	0.4443	3	0.94531	4	10
7	Gama (3P)	0.16624	12	0.6203	10	0.0053	3	25

8	Valor extremo geral	0.11751	1	0.4563	2	1.9202	6	9
9	General Gamma	0.12041	2	0.4711	1	2.1824	8	13
10	General Gamma (4P)	0.21434	15	5.0329	16	N/A		31
11	Gumbel Max	0.12973	5	0.4936	4	3.299	10	19
12	Gumbel Min	0.17032	13	1.7967	11	1.8082	5	29
13	Lognormal	0.15027	8	0.5784	8	3.4697	11	27
14	Lognormal (3P)	0.15366	9	0.5937	9	3.4733	12	30
15	Normal	0.12488	4	0.5696	6	1.9061	7	17
16	t do aluno	0.99999	19	309.65	19	8.76E+06	17	55
17	Uniforme	0.15779	11	4.4946	15	N/A		26
18	Weibull	0.13662	7	0.5762	7	3.1112	9	23
19	Weibull (3P)	0.15478	10	0.5634	5	0.00273	2	17
20	Johnson SB	Não serve						0

Quadro 3.26 Adequação - Resumo para o Santrod

#	Distribuição	Kolmogorov Smirnov		Anderson Querida		Qui-quadrado		Total
		Estatísticas	Classificação	Estatísticas	Classificação	Estatísticas	Classificação	
1	Beta	0.07348	2	1.7487	13	0.3	3	18

2	Qui-quadrado	0.47101	18	162.75	19	12.25	17	54
3	Qui-quadrado (2P)	0.51927	19	131.61	18	6.25	15	52
4	Exponencial	0.25081	17	2.6763	15	6.8271	16	48
5	Exponencial (2P)	0.14923	15	2.4129	14	0.26479	2	31
6	Gama	0.10605	8	0.25751	5	2.4353	13	26
7	Gama (3P)	0.1187	12	0.29326	8	0.4056	5	25
8	Valor extremo geral	0.09642	4	0.21956	2	1.7969	8	14
9	General Gamma	0.10253	6	0.24394	3	2.3916	12	21
10	General Gamma (4P)	0.13506	14	4.244	17	N/A		31
11	Gumbel Max	0.11837	11	0.33192	10	3.5661	14	35
12	Gumbel Min	0.16254	16	1.4157	12	2.1464	11	39
13	Johnson SB	0.06779	1	0.12415	1	0.1397	1	3
14	Lognormal	0.11678	10	0.32005	9	0.39931	4	23
15	Lognormal (3P)	0.10078	5	0.27992	7	1.9721	10	22

16	Normal	0.11486	9	0.38652	11	0.52641	6	26
17	t do aluno	0.99999	20	293.45	20	3.64E+06	18	58
18	Uniforme	0.11973	13	4.0712	16	N/A		29
19	Weibull	0.08614	3	0.26023	6	1.8238	9	18
20	Weibull (3P)	0.10282	7	0.25356	4	0.5316	7	18

Quadro 3.27 Adequação - Resumo para Sehara

#	Distribuição	Kolmogorov Smirnov		Anderson Querida		Qui-quadrado		Total
		Estatísticas	Classificação	Estatísticas	Classificação	Estatísticas	Classificação	
1	Beta	0.12149	3	2.0331	13	0.26667	1	17
2	Qui-quadrado	0.47572	18	249.66	19	12.25	16	53
3	Qui-quadrado (2P)	0.51973	19	191.22	18	12.25	17	54
4	Exponencial	0.31759	17	3.749	15	6.7704	15	47
5	Exponencial (2P)	0.21145	16	3.3986	14	2.7267	11	41
6	Gama	0.14301	8	0.56865	9	1.2521	7	24
7	Gama (3P)	0.14143	6	0.52033	5	1.2177	4	15
8	Valor extremo geral	0.14322	9	0.4558	2	0.69128	3	14

9	General Gamma	0.14253	7	0.52894	7	1.2231	5	19
10	General Gamma (4P)	0.16414	14	4.5207	16	N/A		30
11	Gumbel Max	0.15688	11	0.74857	11	1.2301	6	28
12	Gumbel Min	0.20582	15	1.1378	12	6.428	14	41
13	Johnson SB	0.11272	1	0.33121	1	0.66104	2	4
14	Lognormal	0.16299	13	0.58189	10	3.6443	12	35
15	Lognormal (3P)	0.149	10	0.54599	8	1.3108	9	27
16	Normal	0.1616	12	0.52446	6	3.7692	13	31
17	t do aluno	0.99999	20	309.15	20	8.14E+06	18	58
18	Uniforme	0.11775	2	7.6205	17	N/A		19
19	Weibull	0.13196	4	0.46572	3	1.4988	10	17
20	Weibull (3P)	0.1382	5	0.47799	4	1.3102	8	17

Quadro 3.28 Adequação - Resumo para Vadodar

#	**Distribuição**	**Kolmogorov Smirnov**		**Anderson Querida**		**Qui-quadrado**		**Total**
		Estatísticas	Classificação	Estatísticas	Classificação	Estatísticas	Classificação	
1	Beta	0.35238	15	8.1415	15	N/A		30
2	Qui-quadrado	0.47999	18	107.81	17	9	14	49

3	Qui-quadrado	0.477	17	180.66	18	9	15	50
4	Exponencial	0.28661	13	4.7921	12	7.0199	12	37
5	Exponencial (2P)	0.28661	14	4.7921	13	7.0199	13	40
6	Gama	0.15435	10	2.5909	9	1.1301	4	23
7	Gama	0.12199	5	2.4739	7	1.896	7	19
8	Valor extremo geral	0.1184	4	0.216	2	1.4325	6	12
9	General Gamma	0.12625	6	2.5131	8	1.952	8	22
10	General Gamma	0.15283	9	2.0382	6	0.3627	3	18
11	Gumbel Max	0.16468	11	0.97803	5	2.0003	9	25
12	Gumbel Min	0.16637	12	0.49442	4	2.4978	11	27
13	Johnson SB	0.10951	2	0.18904	1	1.345	5	8
14	Lognormal	0.13266	7	2.8133	11	0.17212	2	20
15	Lognormal	0.13266	8	2.8133	10	0.17212	1	19
16	Normal	0.1097	3	0.2953	3	2.4224	10	16
17	t do aluno	0.95996	19	279.76	19	N/A		38

18	Uniforme	0.10709	1	7.5142	14	N/A	15
19	Weibull	0.44589	16	8.9213	16	N/A	32
20	Weibull	0.96	20	N/A		N/A	20

3.4 TESTE DE HIPÓTESES

Os dados anuais de precipitação de todas as estações pluviométricas consideradas para o estudo, de 1965 a 2005, foram obtidos e ajustados com uma distribuição de probabilidade precedente, utilizando o procedimento selecionado como padrão de conceção. Os conjuntos de dados das séries anuais das estações pluviométricas selecionadas foram ajustados com vinte distribuições de probabilidade. Além disso, a análise dos resultados revela que os valores de teste calculados para todas as distribuições de probabilidade em cada estação estão próximos uns dos outros na maioria dos casos. Além disso, na maioria dos casos, os valores de teste calculados eram inferiores aos valores de teste tabelados. Estes valores indicam o nível de adequação da distribuição. A distribuição é testada a diferentes níveis de significância e o seu valor crítico para a hipótese nula é aceite e a hipótese alternativa é rejeitada. Os pormenores da hipótese são apresentados no Quadro 3.29 a Quadro 3.43.

Quadro 3.29 Pormenores do teste de hipóteses dos dados anuais para Agarwada

Weibull (3P)(#20)							
Kolmogorov-Smirnov							
Tamanho da amostra	41	a	0.2	0.1	0.05	0.02	0.01
Estatísticas	0.09061	Valor crítico	0.16349	0.18687	0.2076	0.23213	0.24904
Valor P	0.85933	Rejeitar?	Não	Não	Não	Não	Não
Classificação	7						
Anderson-Darling							
Tamanho da amostra	41	a	0.2	0.1	0.05	0.02	0.01
Estatísticas	0.29655	Valor crítico	1.3749	1.9286	2.5018	3.2892	3.9074

Classificação	3	Rejeitar?	Não	Não	Não	Não	Não
Qui-quadrado							
Deg. de liberdade	4	a	0.2	0.1	0.05	0.02	0.01
Estatísticas	0.50497	Valor crítico	5.9886	7.7794	9.4877	11.668	13.277
Valor P	0.97301	Rejeitar?	Não	Não	Não	Não	Não
Classificação	2						

Quadro 3.30 Pormenores do teste de hipóteses dos dados anuais para Dahod

Johnson SB [#13]							
Kolmogorov-Smirnov							
Tamanho da amostra	41	a	0.2	0.1	0.05	0.02	0.01
Estatísticas	0.05719	Valor crítico	0.16349	0.18687	0.2076	0.23213	0.249
Valor P	0.9982	Rejeitar?	Não	Não	Não	Não	Não
Classificação	3						
Anderson-Darling							
Tamanho da amostra	41	a	0.2	0.1	0.05	0.02	0.01
Estatísticas	0.11874	Valor crítico	1.3749	1.9286	2.5018	3.2892	3.907
Classificação	1	Rejeitar?	Não	Não	Não	Não	Não
Qui-quadrado							

D.O.F.	5	a	0.2	0.1	0.05	0.02	0.01
Estatísticas	0.1226	Valor crítico	7.2893	9.2364	11.07	13.388	15.08
Valor P	0.99973	Rejeitar?	Não	Não	Não	Não	Não
Classificação	1						

Quadro 3.31 Pormenores do teste de hipóteses dos dados anuais para Devagarhbariya

Gama(#5)							
Kolmogorov-Smirnov							
Tamanho da amostra	38	a	0.2	0.1	0.05	0.02	0.01
Estatísticas	0.0870	Valor crítico	0.16966	0.1939	0.2154	0.2408	0.25843
Valor P	0.9117	Rejeitar?	Não	Não	Não	Não	Não
Classificação	3						
Anderson-Dar	**ing**						
Tamanho da amostra	38	a	0.2	0.1	0.05	0.02	0.01
Estatísticas	0.3145	Valor crítico	1.3749	1.9286	2.502	3.2892	3.9074
Classificação	1	Rejeitar?	Não	Não	Não	Não	Não
Qui-quadrado							
D. O. f.	4	a	0.2	0.1	0.05	0.02	0.01

Estatísticas	0.232	Valor crítico	5.9886	7.7794	9.4877	11.668	13.277
Valor P	0.994	Rejeitar?	Não	Não	Não	Não	Não
Classificação	2						

Quadro 3.32 Pormenores do teste de hipóteses dos dados do ano y para Dhandhela

Gen. Valor Extremo [#8]							
Kolmogorov-Smirnov							
Tamanho da amostra	25	a	0.2	0.1	0.05	0.02	0.01
Estatísticas	0.09222	Valor crítico	0.2079	0.23768	0.26404	0.29516	0.31657
Valor P	0.97042	Rej ect o?	Não	Não	Não	Não	Não
Classificação	1						
Anderson-Darling							
Tamanho da amostra	25	a	0.2	0.1	0.05	0.02	0.01
Estatísticas	0.2764	Valor crítico	1.3749	1.9286	2.5018	3.2892	3.9074
Classificação	1	Rejeitar?	Não	Não	Não	Não	Não
Qui-quadrado							
Deg. de liberdade	1	a	0.2	0.1	0.05	0.02	0.01
Estatísticas	0.21258	Valor crítico	1.6424	2.7055	3.8415	5.4119	6.6349
Valor P	0.64475	Rejeitar?	Não	Não	Não	Não	

Classificação	8						

Quadro 3.33 Pormenores do teste de hipóteses dos dados anuais para Khojalwas

Gen. Valor Extremo [#8]							
Kolmogorov-Smirnov							
Tamanho da amostra	25	a	0.2	0.1	0.05	0.02	0.01
Estatísticas	0.06503	Valor crítico	0.2079	0.23768	0.26404	0.29516	0.31657
Valor P	0.99968	Rejeitar?	Não	Não	Não	Não	Não
Classificação	1						
Anderson-Darling							
Tamanho da amostra	25	a	0.2	0.1	0.05	0.02	0.01
Estatísticas	0.15481	Valor crítico	1.3749	1.9286	2.5018	3.2892	3.9074
Classificação	2	Rejeitar?	Não	Não	Não	Não	Não
Qui-quadrado							
Deg. de liberdade	2	a	0.2	0.1	0.05	0.02	0.01
Estatísticas	7.5E-04	Valor crítico	3.2189	4.6052	5.9915	7.824	9.2103
Valor P	0.99963	Rejeitar?	Não	Não	Não	Não	Não
Classificação	1						

Quadro 3.34 Pormenores do teste de hipóteses dos dados anuais para Limkheda

Johnson SB [#13]							
Kolmogorov-Smirnov							
Tamanho da amostra	25	a	0.2	0.1	0.05	0.02	0.01
Estatísticas	0.09277	Valor crítico	0.2079	0.23768	0.26404	0.29516	0.31657

Valor P	0.96883	Rejeitar?	Não	Não	Não	Não	Não
Classificação	1						
Anderson-Darling							
Tamanho da amostra	25	a	0.2	0.1	0.05	0.02	0.01
Estatísticas	0.33487	Valor crítico	1.3749	1.9286	2.5018	3.2892	3.9074
Classificação	1	Rejeitar?	Não	Não	Não	Não	Não
Qui-quadrado							
Deg. de liberdade	3	a	0.2	0.1	0.05	0.02	0.01
Estatísticas	0.72265	Valor crítico	4.6416	6.2514	7.8147	9.8374	11.345
Valor P	0.86786	Rejeitar?	Não	Não	Não	Não	Não
Classificação	3						

Tabela 3.35 Detalhes do teste de hipóteses dos dados anuais para Mora

Johnson SB [#13]							
Kolmogorov-Smirnov							
Tamanho da amostra	26	a	0.2	0.1	0.05	0.02	0.01
Estatísticas	0.08993	Valor crítico	0.20399	0.2332	0.25907	0.28962	0.31064
Valor P	0.97211	Rejeitar?	Não	Não	Não	Não	Não
Classificação	2						
Anderson-Darling							
Tamanho da amostra	26	a	0.2	0.1	0.05	0.02	0.01

Estatísticas	0.16961	Valor crítico	1.3749	1.9286	2.5018	3.2892	3.9074
Classificação	1	Rejeitar?	Não	Não	Não	Não	Não
Qui-quadrado							
Deg. de liberdade	4	a	0.2	0.1	0.05	0.02	0.01
Estatísticas	0.04076	Valor crítico	5.9886	7.7794	9.4877	11.668	13.277
Valor P	0.9998	Rejeitar?	Não	Não	Não	Não	Não
Classificação	1						

Quadro 3.36 Pormenores do teste de hipóteses dos dados anuais para Morva

Johnson SB [#13]							
Kolmogorov-Smirnov							
Tamanho da amostra	24	a	0.2	0.1	0.05	0.02	0.01
Estatísticas	0.11968	Valor crítico	0.21205	0.24242	0.26931	0.30104	0.32286
Valor P	0.84205	Rejeitar?	Não	Não	Não	Não	Não
Classificação	5						
Anderson-Darling							
Tamanho da amostra	24	a	0.2	0.1	0.05	0.02	0.01
Estatísticas	0.2002	Valor crítico	1.3749	1.9286	2.5018	3.2892	3.9074
Classificação	1	Rej ect ar?	Não	Não	Não	Não	Não

Qui-quadrado							
Deg. de liberdade	2	a	0.2	0.1	0.05	0.02	0.01
Estatísticas	0.33314	Valor crítico	3.2189	4.6052	5.9915	7.824	9.2103
Valor P	0.84657	Rejeitar?	Não	Não	Não	Não	Não
Classificação	4						

Quadro 3.37 Pormenores do teste de hipóteses dos dados anuais para Orwada

Chi-Squared (2P) [#3]							
Kolmogorov-Smirnov							
Tamanho da amostra	25	a	0.2	0.1	0.05	0.02	0.01
Estatísticas	0.23861	Valor crítico	0.2079	0.23768	0.26404	0.29516	0.31657
Valor P	0.09769	Rejeitar?	Sim	Sim	Não	Não	Não
Classificação	6						
Anderson-Darling							
Tamanho da amostra	25	a	0.2	0.1	0.05	0.02	0.01
Estatísticas	1.5023	Valor crítico	1.3749	1.9286	2.5018	3.2892	3.9074
Classificação	6	Rejeitar?	Sim	Não	Não	Não	Não
Qui-quadrado							
Deg. de liberdade	2	a	0.2	0.1	0.05	0.02	0.01

Estatísticas	0.24159	Valor crítico	3.2189	4.6052	5.9915	7.824	9.2103
Valor P	0.88622	Rejeitar?	Não	Não	Não	Não	Não
Classificação	1						

Tabela 3.38 Detalhes do teste de hipóteses dos dados anuais para a barragem de Panam

Normal [#16]							
Kolmogorov-Smirnov							
Tamanho da amostra	25	a	0.2	0.1	0.05	0.02	0.01
Estatísticas	0.08408	Valor crítico	0.2079	0.23768	0.26404	0.29516	0.31657
Valor P	0.98799	Rejeitar?	Não	Não	Não	Não	Não
Classificação	1						
Anderson-Darling							
Tamanho da amostra	25	a	0.2	0.1	0.05	0.02	0.01
Estatísticas	0.17148	Valor crítico	1.3749	1.9286	2.5018	3.2892	3.9074
Classificação	3	Rejeitar?	Não	Não	Não	Não	Não
Qui-quadrado							
Deg. de liberdade	2	a	0.2	0.1	0.05	0.02	0.01
Estatísticas	0.12562	Valor crítico	3.2189	4.6052	5.9915	7.824	9.2103
Valor P	0.93912	Rejeitar?	Não	Não	Não	Não	Não
Classificação	2						

Quadro 3.39 Pormenores do teste de hipóteses dos dados anuais para Sangtala

Gen. Valor Extremo [#8]							
Kolmogorov-Smirnov							
Tamanho da amostra	25	a	0.2	0.1	0.05	0.02	0.01
Estatísticas	0.11751	Valor crítico	0.2079	0.23768	0.26404	0.29516	0.31657
Valor P	0.84108	Rejeitar?	Não	Não	Não	Não	Não
Classificação	1						
Anderson-Darling							
Tamanho da amostra	25	a	0.2	0.1	0.05	0.02	0.01
Estatísticas	0.4563	Valor crítico	1.3749	1.9286	2.5018	3.2892	3.9074
Classificação	2	Rejeitar?	Não	Não	Não	Não	Não
Qui-quadrado							
Deg. de liberdade	2	a	0.2	0.1	0.05	0.02	0.01
Estatísticas	1.9202	Valor crítico	3.2189	4.6052	5.9915	7.824	9.2103
Valor P	0.38286	Rejeitar?	Não	Não	Não	Não	Não
Classificação	7						

Quadro 3.40 Pormenores do teste de hipóteses dos dados anuais para a Santrod

Johnson SB [#13]							
Kolmogorov-Smirnov							
Tamanho da amostra	25	a	0.2	0.1	0.05	0.02	0.01
Estatísticas	0.06779	Valor crítico	0.2079	0.23768	0.26404	0.29516	0.31657

Valor P	0.99934	Rejeitar?	Não	Não	Não	Não	Não
Classificação	1						
Anderson-Darling							
Tamanho da amostra	25	a	0.2	0.1	0.05	0.02	0.01
Estatísticas	0.12415	Valor crítico	1.3749	1.9286	2.5018	3.2892	3.9074
Classificação	1	Rejeitar?	Não	Não	Não	Não	Não
Qui-quadrado							
Deg. de liberdade	3	a	0.2	0.1	0.05	0.02	0.01
Estatísticas	0.1397	Valor crítico	4.6416	6.2514	7.8147	9.8374	11.345
Valor P	0.98668	Rejeitar?	Não	Não	Não	Não	Não
Classificação	1						

Quadro 3.41 Pormenores do teste de hipóteses dos dados anuais para Sehra

Johnson SB [#13]							
Kolmogorov-Smirnov							
Tamanho da amostra	25	a	0.2	0.1	0.05	0.02	0.01
Estatísticas	0.1127	Valor crítico	0.2079	0.23768	0.26404	0.29516	0.31657
Valor P	0.8736	Rej ect o?	Não	Não	Não	Não	Não

Classificação	1						
Anderson-Darling							
Tamanho da amostra	25	a	0.2	0.1	0.05	0.02	0.01
Estatísticas	0.3312	Valor crítico	1.3749	1.9286	2.5018	3.2892	3.9074
Classificação	1	Rej ect ar?	Não	Não	Não	Não	Não
Qui-quadrado							
Deg. de liberdade	3	a	0.2	0.1	0.05	0.02	0.01
Estatísticas	0.661	Valor crítico	4.6416	6.2514	7.8147	9.8374	11.345
Valor P	0.8823	Rej ect o?	Não	Não	Não	Não	Não
Classificação	2						

Quadro 3.42 Pormenores do teste de hipóteses dos dados anuais para Vadodar

Johnson SB [#13]							
Kolmogorov-Smirnov							
Tamanho da amostra	25	a	0.2	0.1	0.05	0.02	0.01
Estatísticas	0.10951	Valor crítico	0.2079	0.23768	0.26404	0.29516	0.31657
Valor P	0.89361	Rej ect o?	Não	Não	Não	Não	Não
Classificação	2						

Anderson-Darling							
Tamanho da amostra	25	a	0.2	0.1	0.05	0.02	0.01
Estatísticas	0.18904	Valor crítico	1.3749	1.9286	2.5018	3.2892	3.9074
Classificação	1	Rej ect ar?	Não	Não	Não	Não	Não
Qui-quadrado							
Deg. de liberdade	2	a	0.2	0.1	0.05	0.02	0.01
Estatísticas	1.345	Valor crítico	3.2189	4.6052	5.9915	7.824	9.2103
Valor P	0.51042	Rej ect ar?	Não	Não	Não	Não	Não
Classificação	5						

3.5 FUNÇÃO DE DENSIDADE DE PROBABILIDADE E ACUMULADA

FUNÇÃO DE DENSIDADE DE MELHOR AJUSTE PARA CADA ESTAÇÃO PLUVIOMÉTRICA

Os parâmetros (escala, localização e forma) para o melhor ajuste também são mostrados na tabela 3.43, que são usados para o desenvolvimento da função de densidade de probabilidade (Pdf) e da função de densidade cumulativa (cdf), que são dadas da Figura 3.1 à Figura 3.14.

Tabela 3.43 Parâmetros da distribuição de melhor ajuste para catorze estações pluviométricas

Estação	**Melhor ajuste**	**Parâmetros**
Agarwada	Weibull(3p)	a=1,272 ß=550,42 Y=304,12
dahod	Johnson sb	Y=1.9423 5=1.5947

devgarbariya	GAMMA	a=4,7907 ß=188,52
dhandhela	G.E.V.	k = -0,0201 G==284,85 ц=575,3
Khojalwas	G.E.V.	k = -0,11308 G 330,06 ц=509,28
Limkheda	Johnson SB	Y=0.9437 5=O.945O £=211.68 1= 1923.1
Mora	Johnson SB	X=1865.5 £=-174.44 Y=0.10336 5=1.0776
Morwa	Johnson SB	X=1654.2 £=134.04 Y=0.606 5=1.0381
Orwada	Qui-quadrado	V=48007 Y=-47015.0
Barragem de Panam	normal	O 323.15 ц=812.62
Sagatala	gama	a=4,1472 ß=202,76
Estrada do Santuário	Johnson SB	Y=0,62263 5=O,872O2 X=1549,9£ =89,879
Sehera	Johnson SB	Y=0,32366 5=0,8858 X=1569,2 £=141,5
Vadodar	Johnson SB	Y=-0,45732 5=1,1044 X=1883,6 £=-365,1

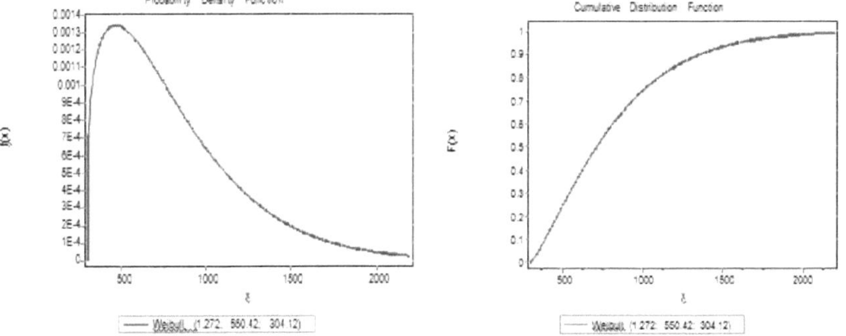

Fig.3.1 Plotagem de Pdf e Cdf da distribuição de Weilbull(3P) para Agarwada

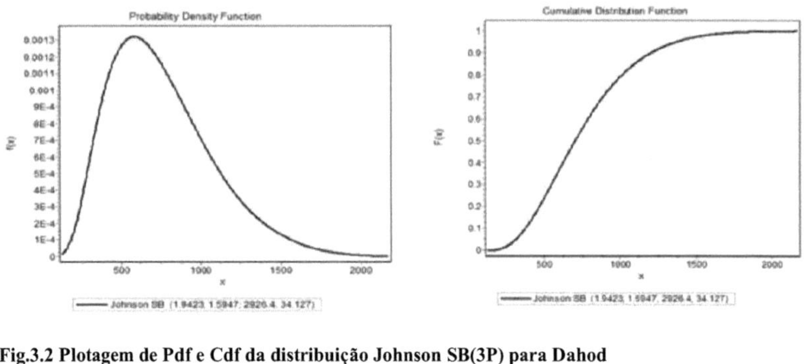

Fig.3.2 Plotagem de Pdf e Cdf da distribuição Johnson SB(3P) para Dahod

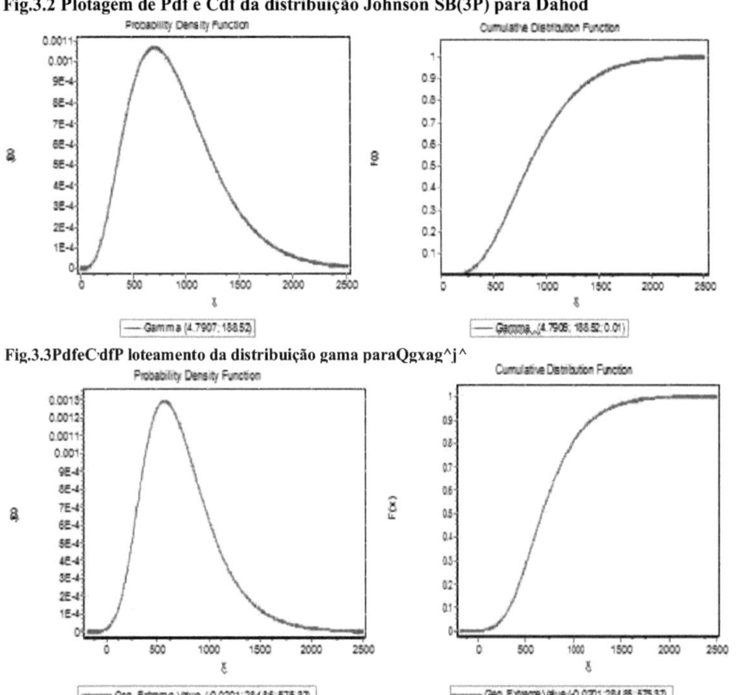

Fig.3.3PdfeC·dfP loteamento da distribuição gama paraQgxag^j^

Fig.3.4£j|Je Cdt Plotagem da distribuição genérica de valores extremos paraptwrrdbela

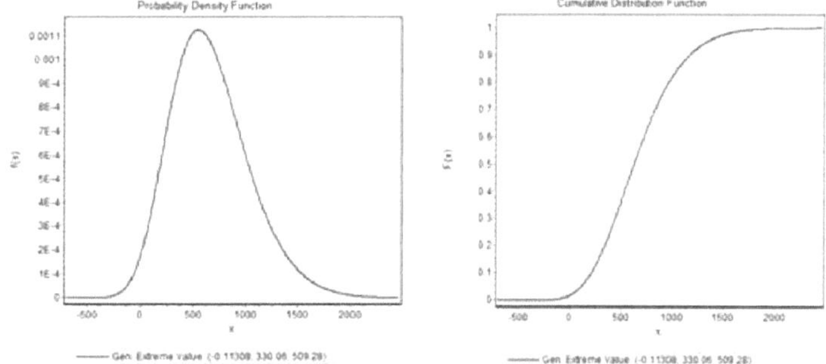

Fig.3.5 Representação gráfica de Pdf e Qjf da distribuição geral de valores extremos para Khojal^as

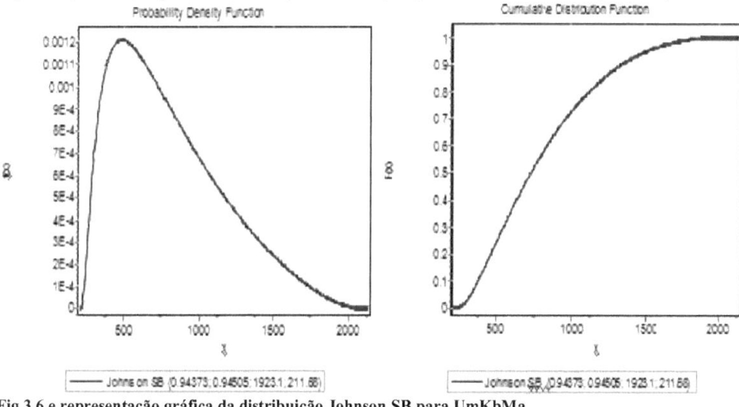

Fig.3.6 e representação gráfica da distribuição Johnson SB para UmKbMa

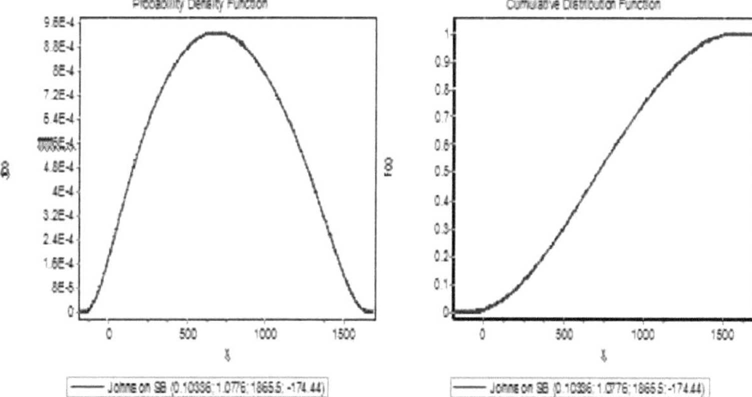

Fig.3.7 Representação gráfica da distribuição Johnson SB para Mora

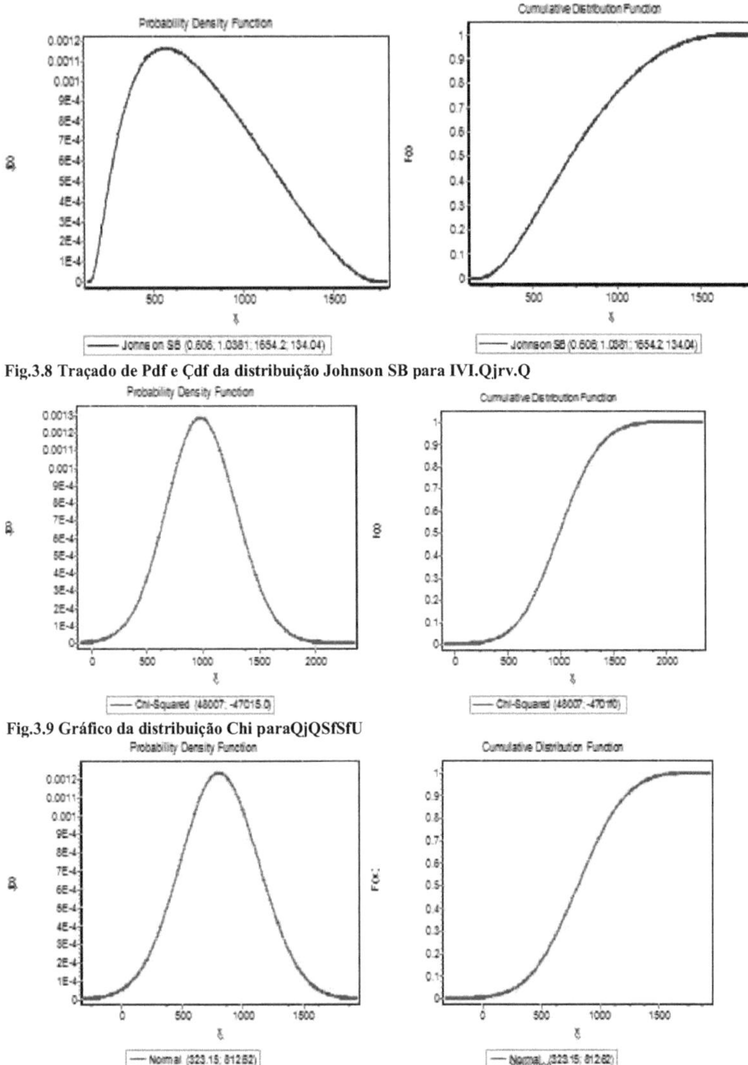

Fig.3.8 Traçado de Pdf e Çdf da distribuição Johnson SB para IVI.Qjrv.Q

Fig.3.9 Gráfico da distribuição Chi paraQjQSfSfU

Fig.S.IOPdfeCdf da distribuição normal para^MSWIDam

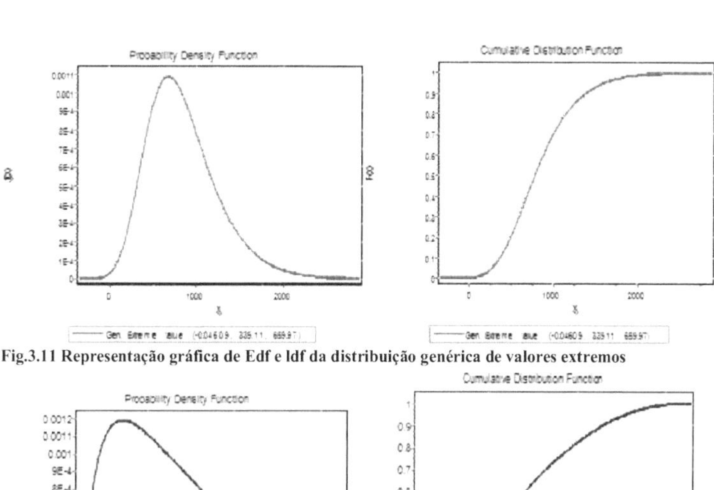

Fig.3.11 Representação gráfica de Edf e ldf da distribuição genérica de valores extremos

Fig. 3.12 Plotagem de Pdf e Cdf da distribuição Johnson SB para SMiSSl

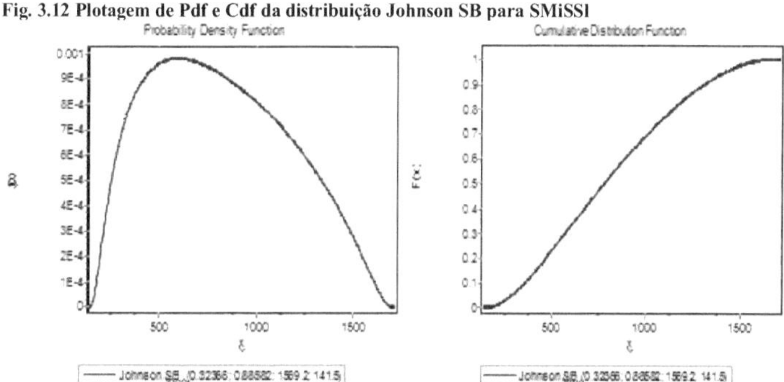

Fig.3.13 Plotagem de Pdf e Çdf da distribuição Johnson SB para Sehara

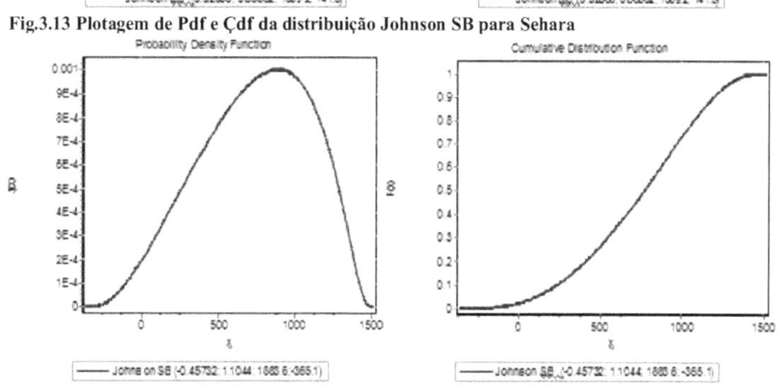

Fig.3.14 Plotagem de Pdf e Çdf da distribuição Johnson SB paray^^j

3.6 ESTIMATIVAS DE PROBABILIDADE E DE QUANTIS

Os gráficos de probabilidade de melhor ajuste calculados a partir da pontuação do teste estatístico probabilidade-probabilidade (P-P), Quantile-Quantile (Q-Q) e gráfico de diferença de probabilidade são para todas as catorze estações pluviométricas, como mostrado na Fig. 3.15 a Fig. 3.28.

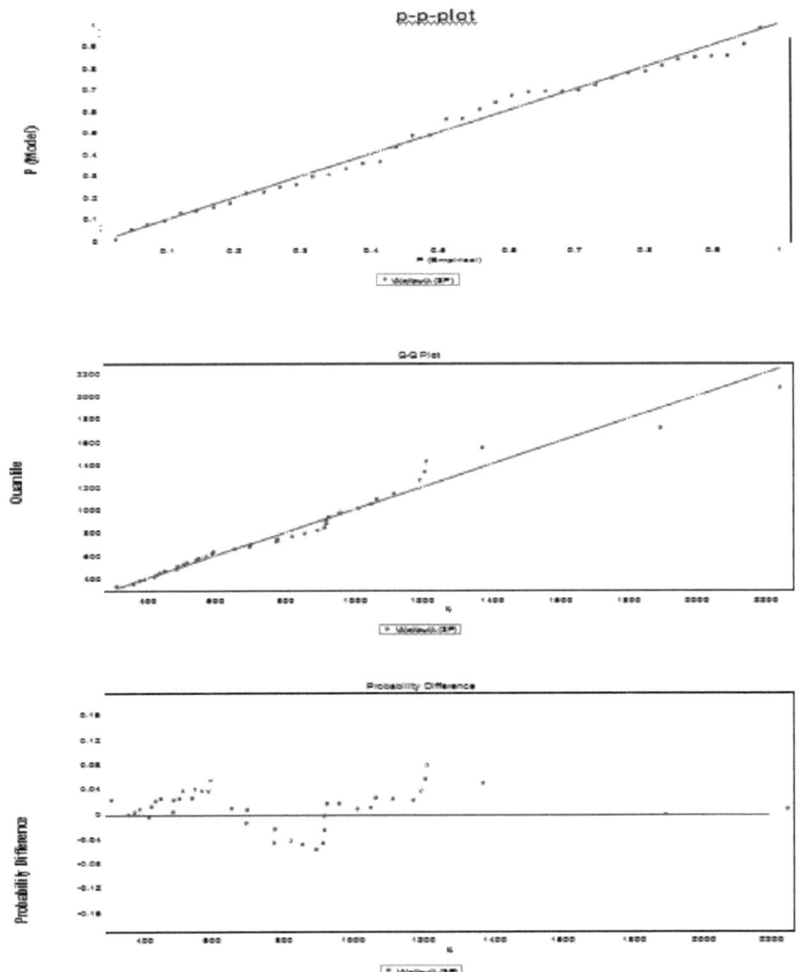

Fig. 3.15 Gráfico P-P, gráfico Q-Q e diferença de probabilidade da distribuição de Weilbull mais bem ajustada para

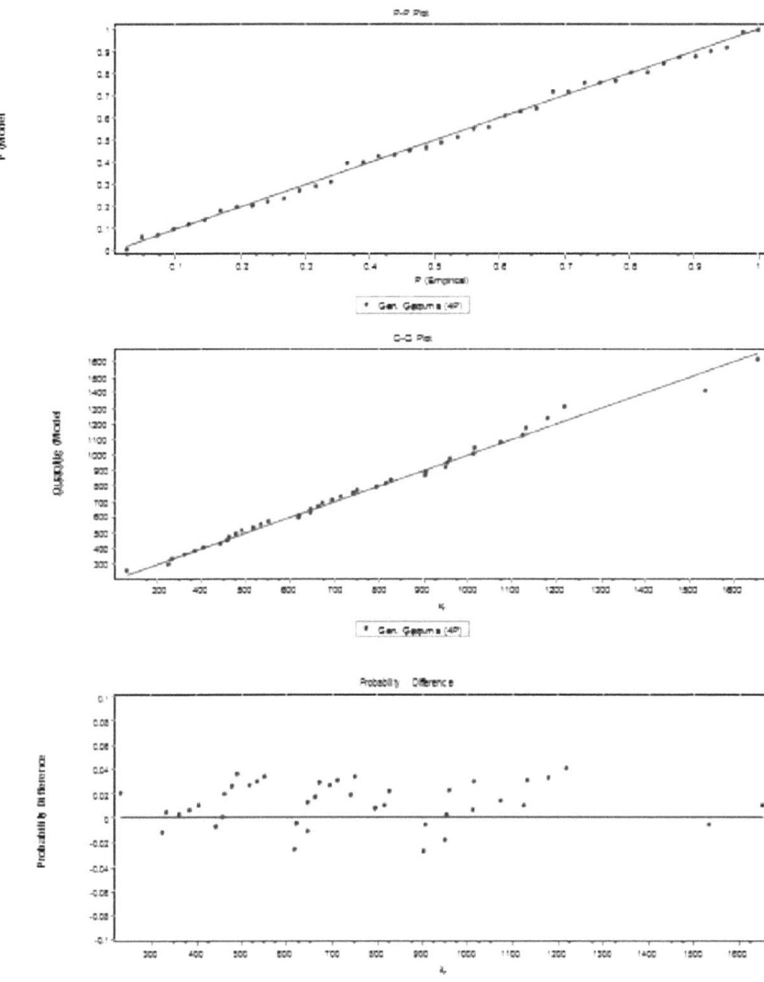

Fig.3.16P-P Gráfico PMQ-O e diferença da distribuição Johnson SB mais bem ajustada para WM

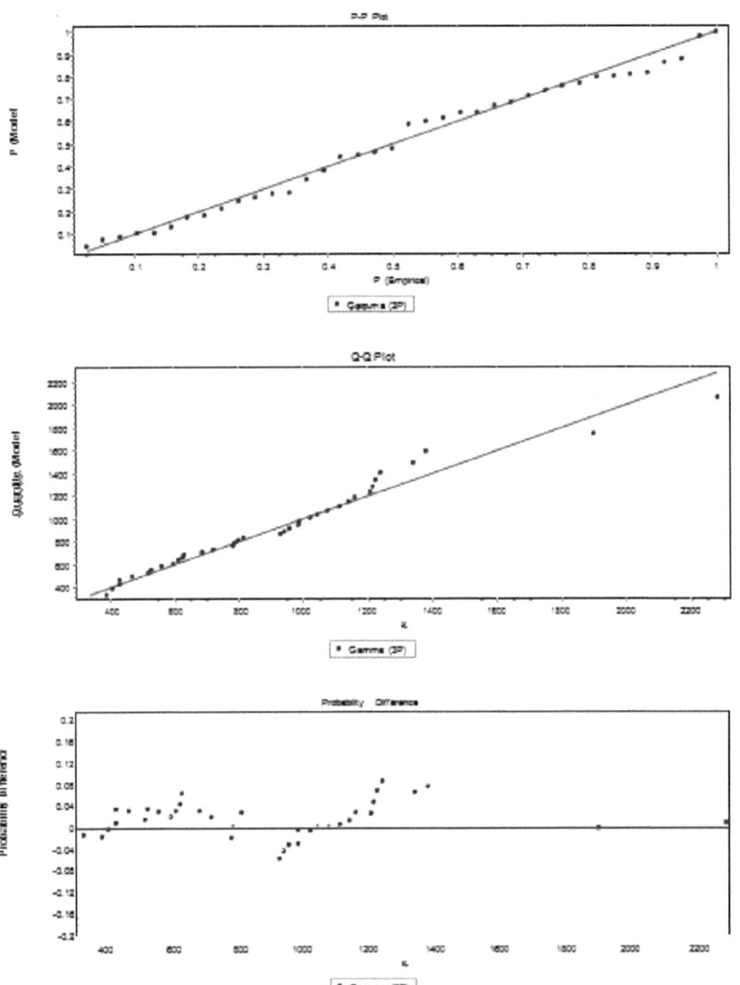

Fig. 3.17 Gráfico P-P E.O-Q e diferença ШйЛ da distribuição gama mais bem ajustada para Devagarhbaria

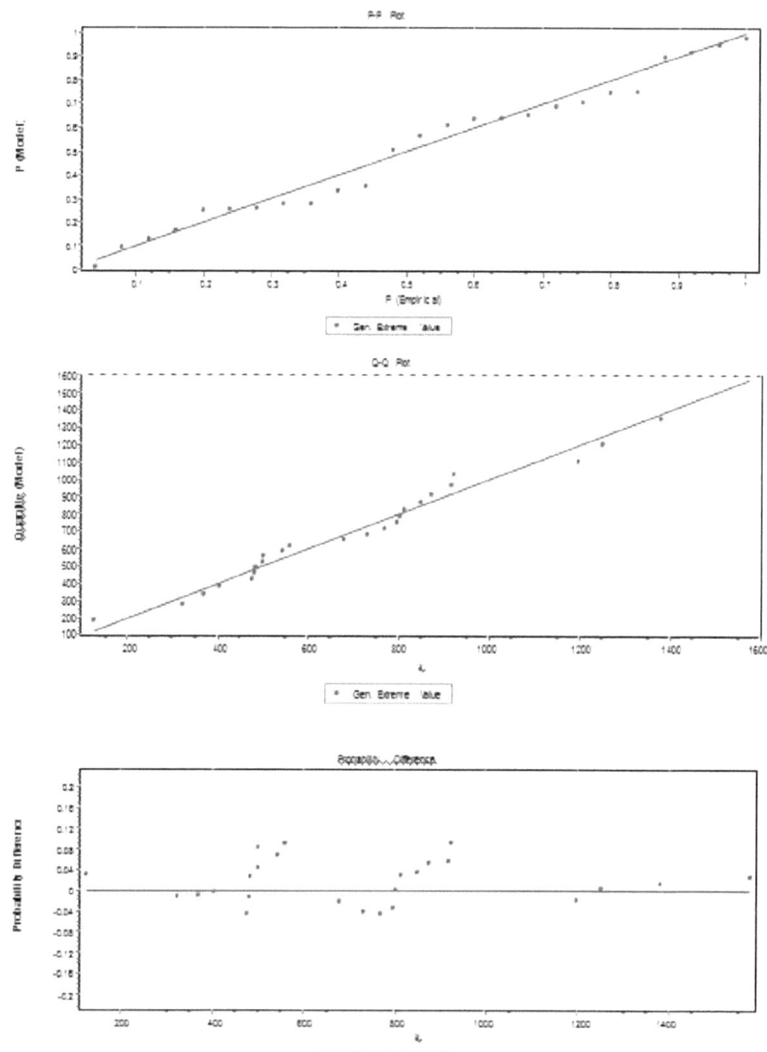

Füg. 3.18 Gráfico P-P P.M.Q-0 e diferença EmMJÄ da distribuição G.E.V. mais bem ajustada para QMÄ

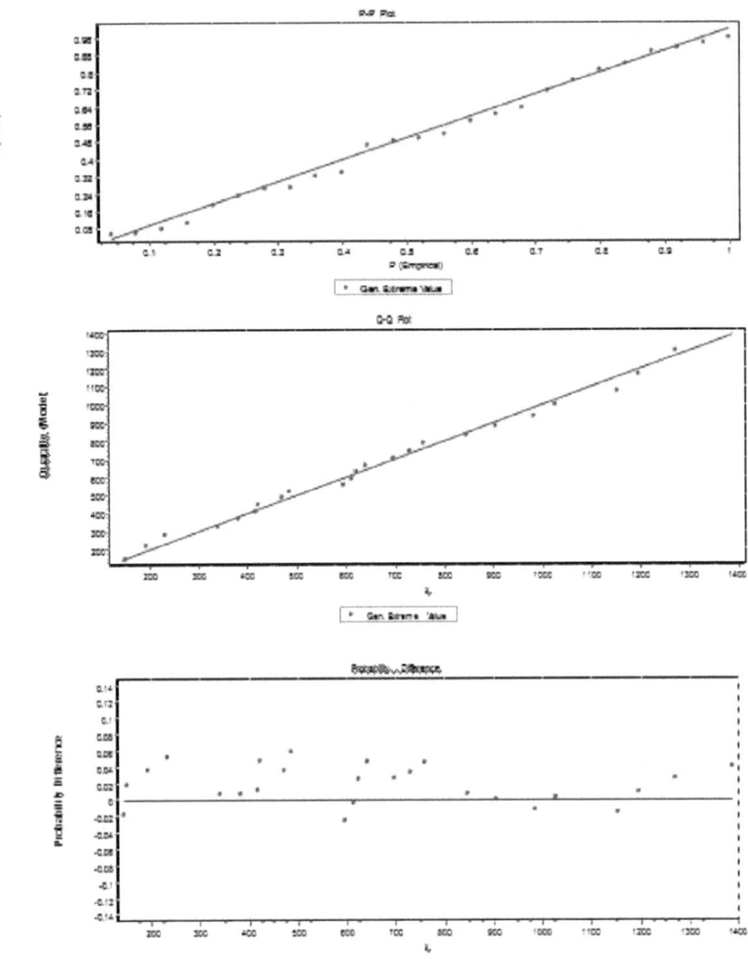

Fig. 3.19 P-P P.lpJ,Q-Q Plot and Difference of Best Fitted G.E.V. Distribution for Khojalwas

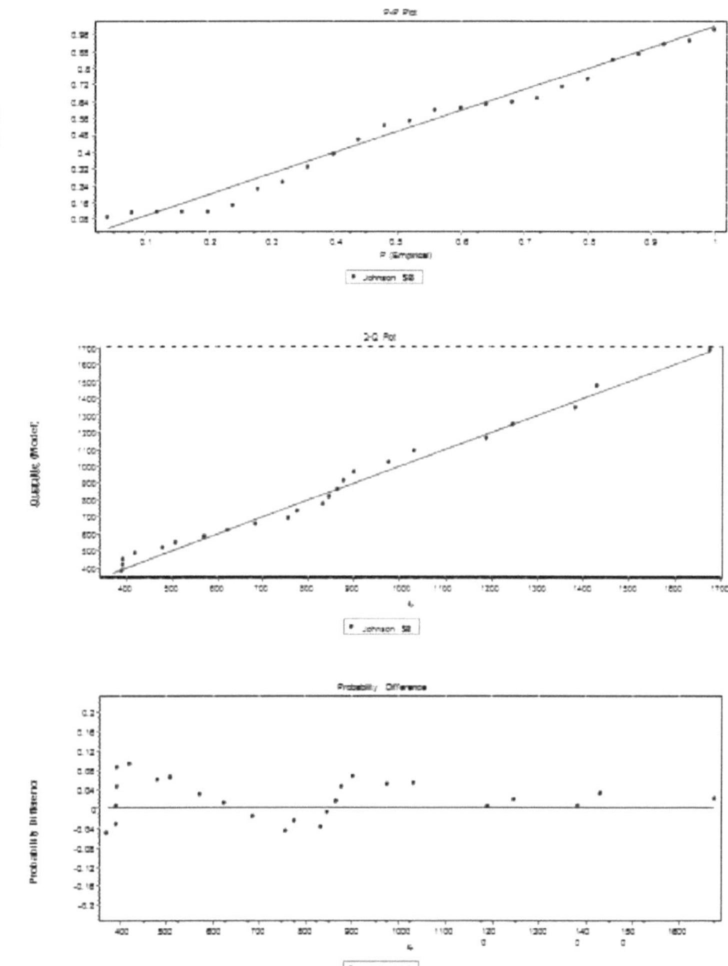

Fig. 3.20 P-P PM.Q-Q Plot And ProbablIU Difiere nce of B est Fitted Johnson SB Distribution for Limkheba

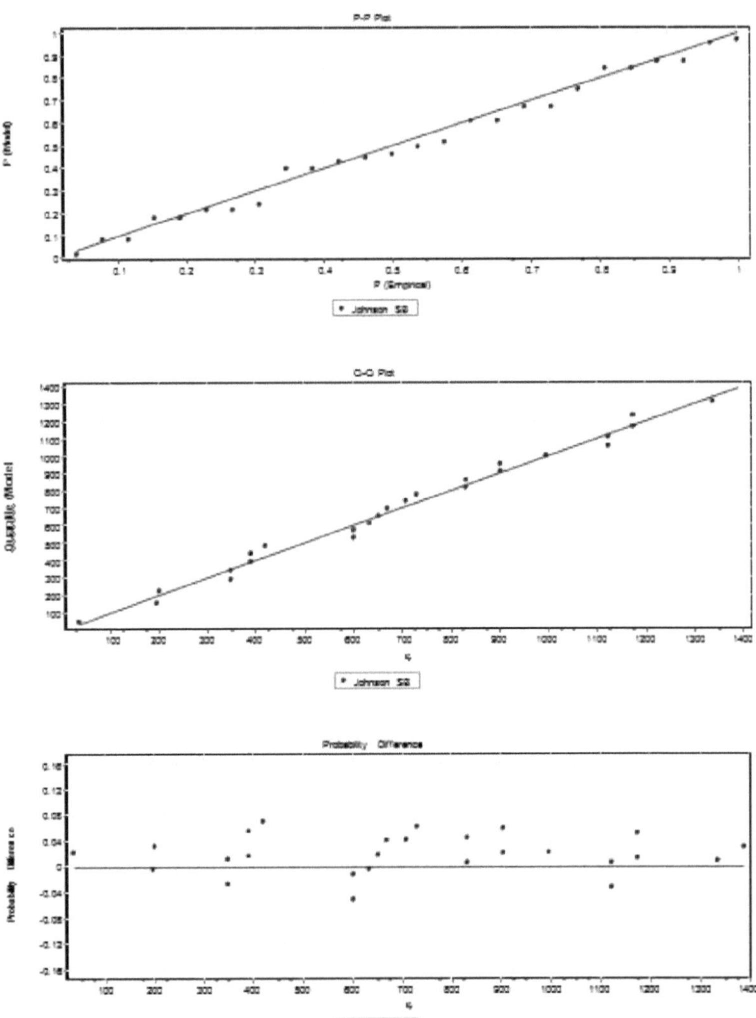

Fia. 3 21 Plot.Q-Q Plot And Probabilty Defference of Best Fitted Jonson S B Distribution for Mora

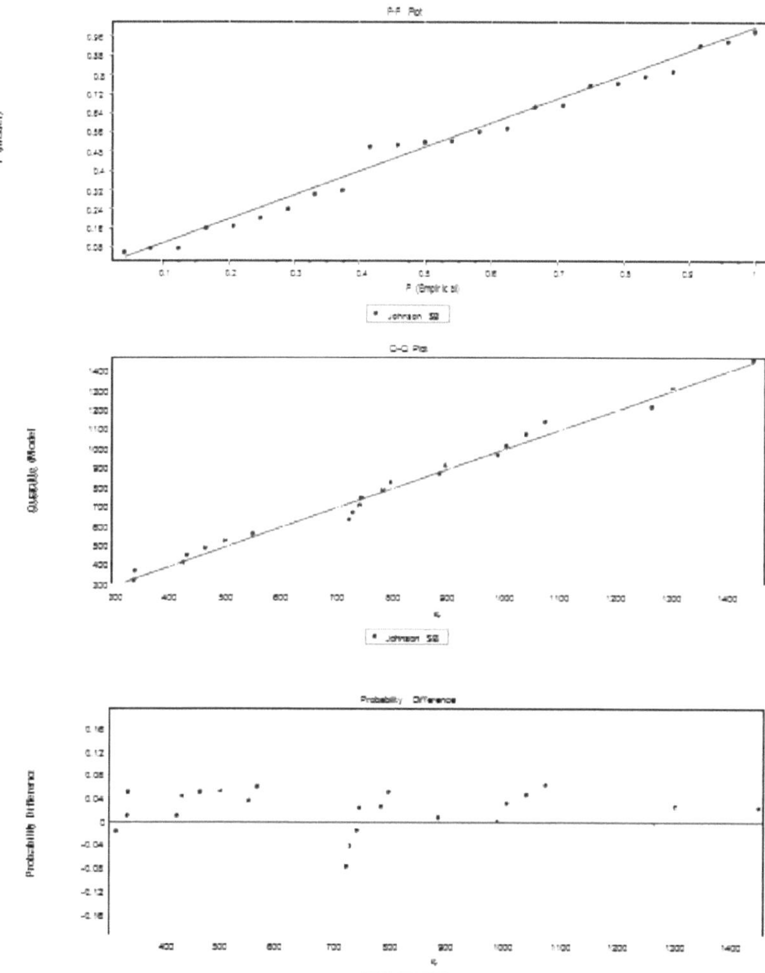

Fig. 3.22 P-P PM.Q-Q Plot e Prohah.ilty. Diferença da distribuição Johnson SB mais bem ajustada para MOW

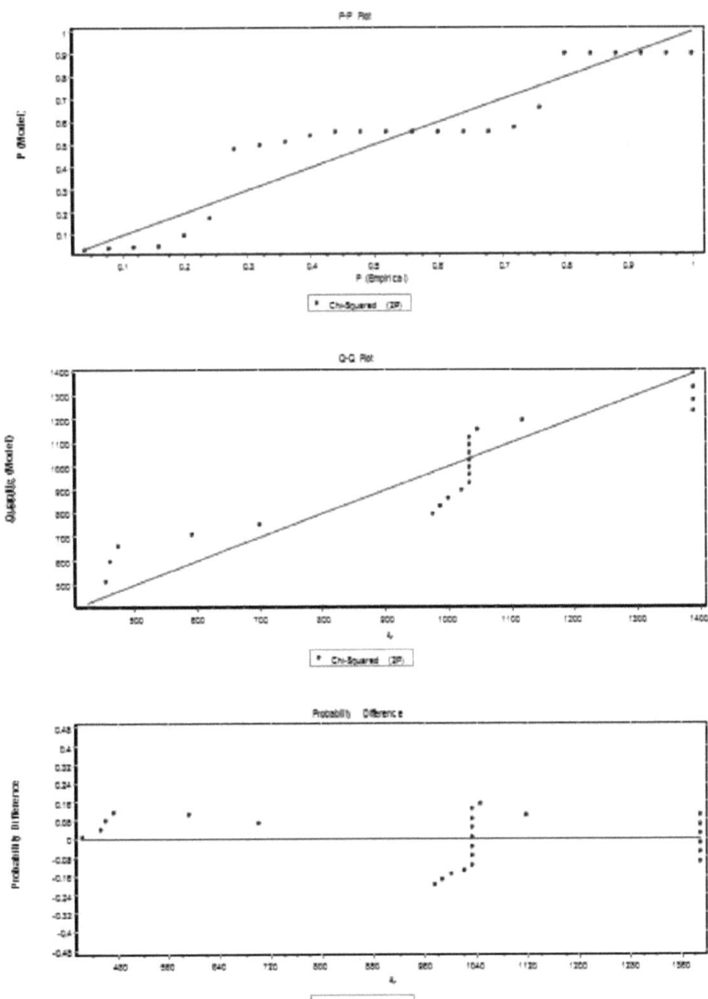

Fig. 3.23 P-P Plot Q-Q Plot e EutoJSlto Difference of Best Fitted Chi Square Distribution for Qrwa.d.a.

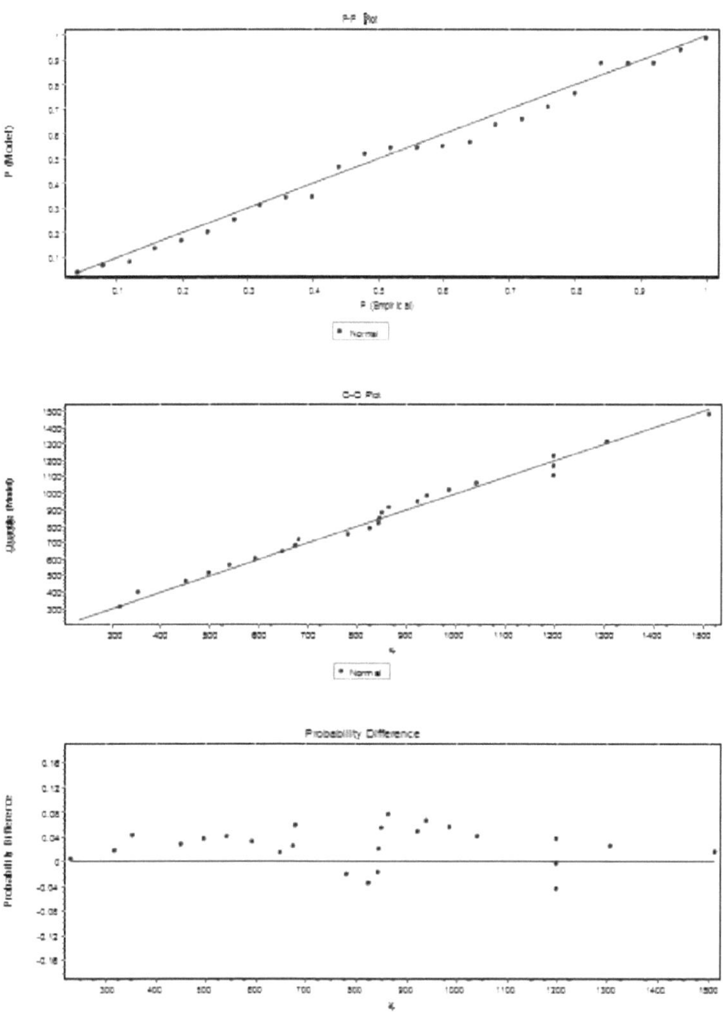

Fig. 3.24 Gráfico P-P, Gráfico Q-Q e Diferença de Prova da D istribuição Normal mais bem ajustada para a barragem de Eanam

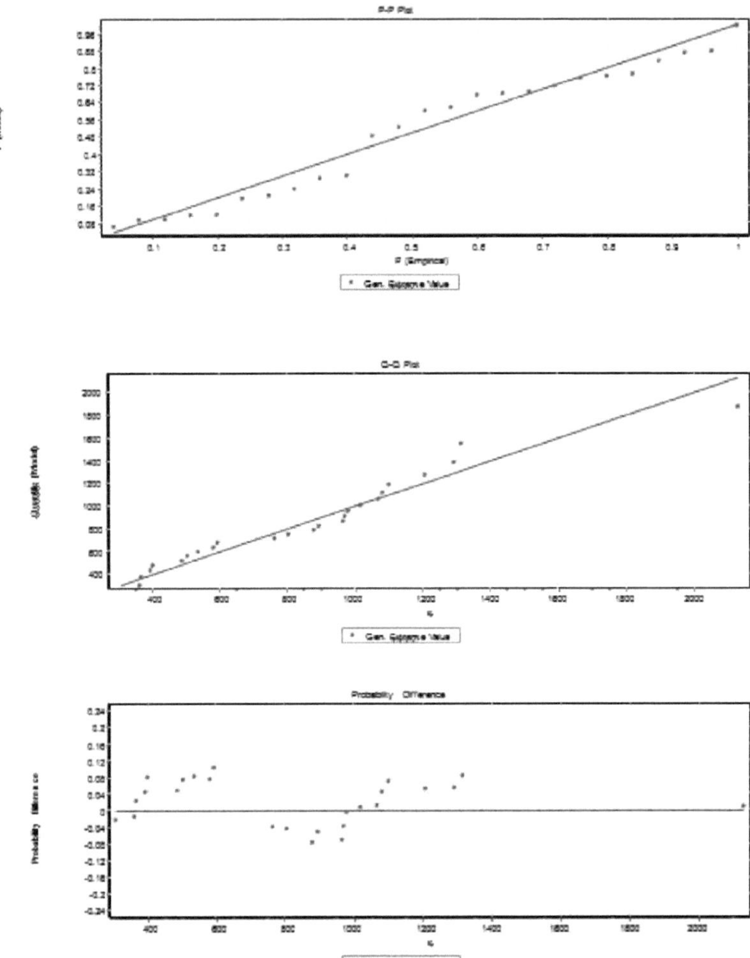

Fig. 3.25 Lote P -PP.MQ-Q e diferença da distribuição G.E.V. mais bem ajustada para SwjMaM

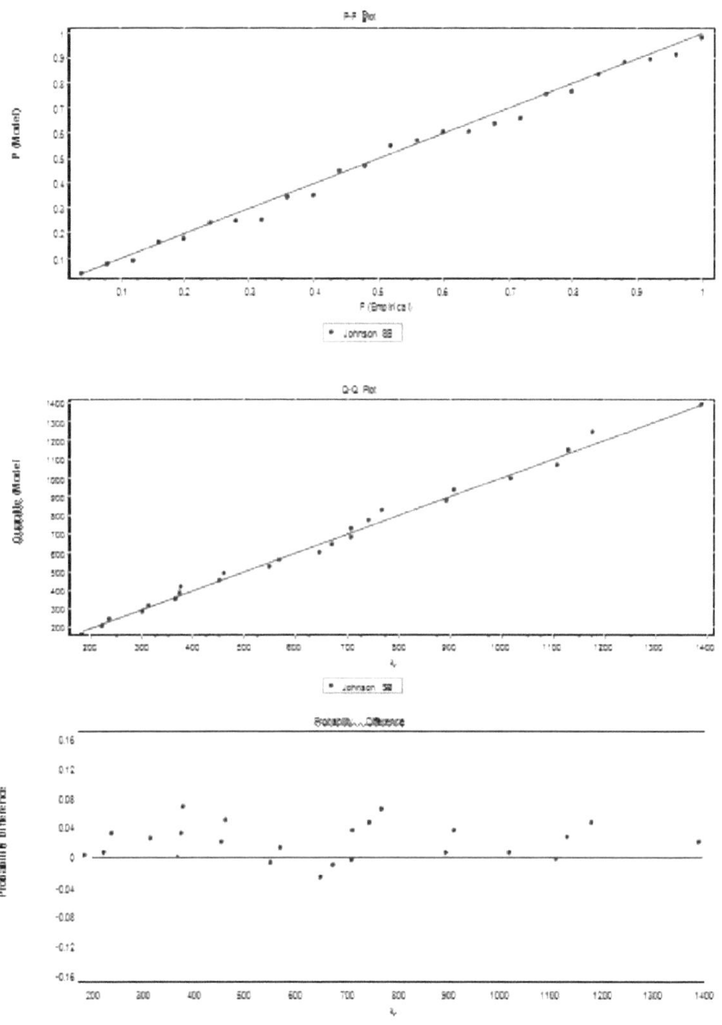

Fig. 3.26 P-P EMQ-Q Plot e ,F..r2.?.a.b >. Diferença da distribuição Johnson SB mais bem ajustada para SMM

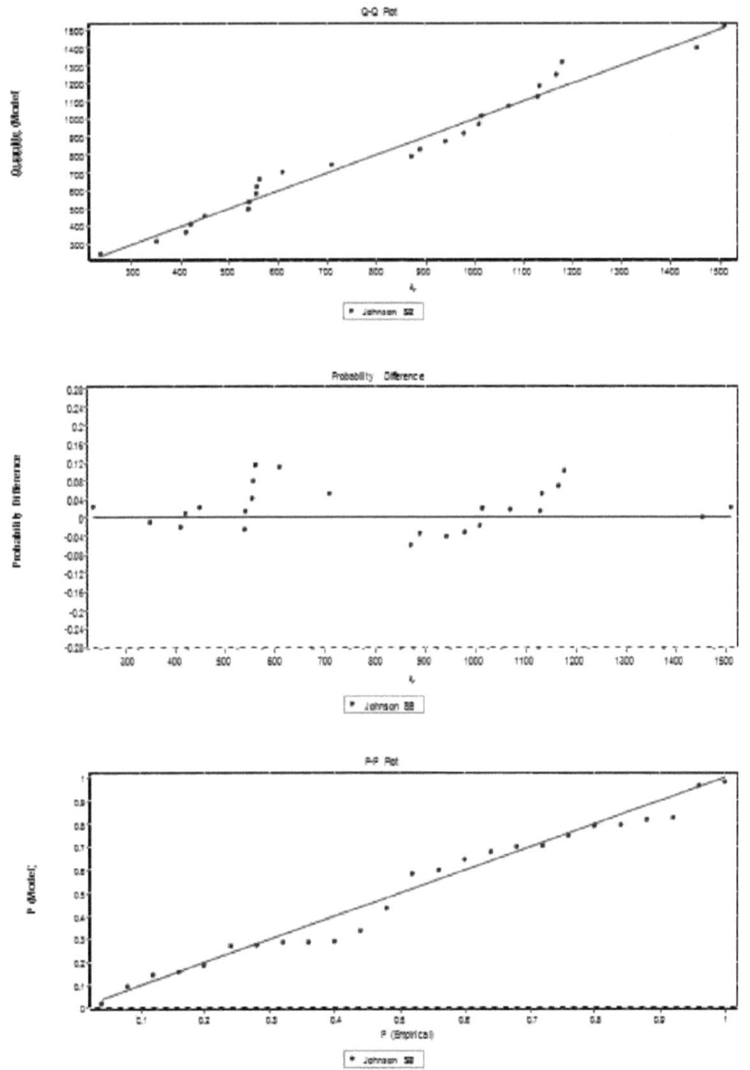

Fig. 3.27 Gráfico P-P EMQ-Q e diferença de Prftbabl' da distribuição Johnson SB mais bem ajustada para ..Sahara

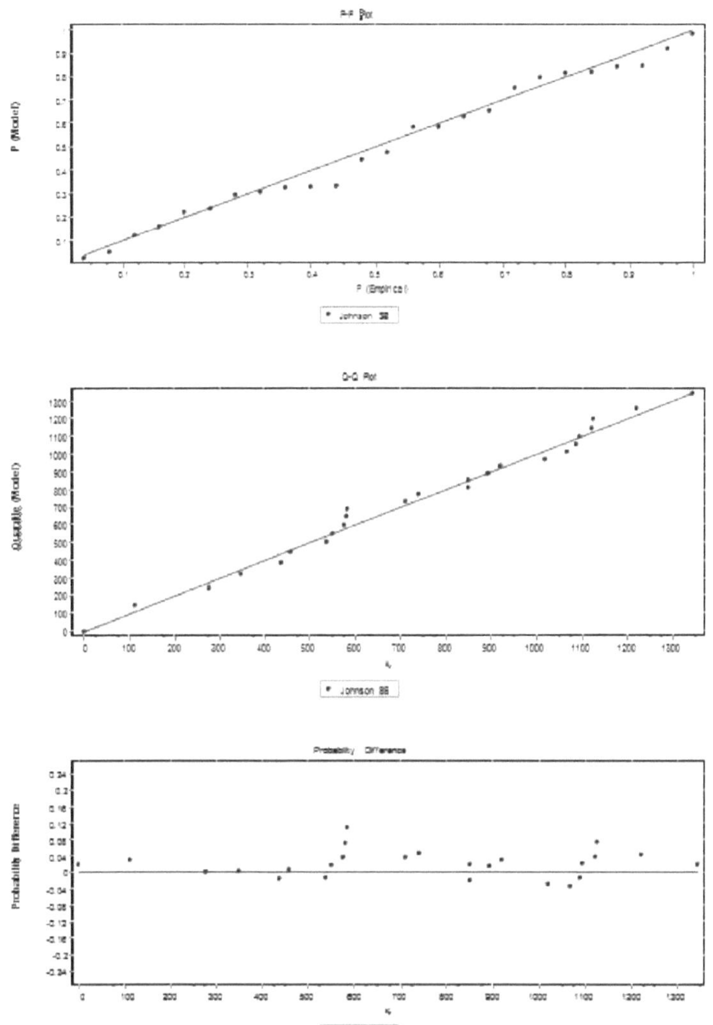

Fig. 3.28 Gráfico P-Ppi<Q-0 e diferença da distribuição Johnson SB mais bem ajustada para Bfe'M

3.7 PROBABILIDADE DE OCORRÊNCIA

Foi calculada a quantificação da fiabilidade dos parâmetros (da distribuição) e dos erros nas estimativas da precipitação em vários níveis de probabilidade (ou períodos de retorno). A partir da distribuição de probabilidade selecionada, foram determinadas as estimativas de precipitação a vários níveis de probabilidade (ou seja, o inverso dos períodos de retorno) para cada estação. O período de retorno de dois anos foi encontrado a partir de 50 por cento de probabilidade de não excedência, enquanto que para cinco, dez, vinte, cinquenta, cem e duzentos anos o período de retorno é provavelmente derivado de 80, 90, 95, 98, 99 e 99,5 por cento de probabilidade de não excedência. As estimativas para a precipitação anual com vários períodos de retorno são encontradas a partir do gráfico de distribuição de probabilidade do melhor ajuste para uma determinada estação. Aqui o valor de X (P) mostra o valor diferente da precipitação máxima com diferentes probabilidades de ocorrência.

As estimativas da precipitação máxima anual para os períodos de retorno de 2,5, 10, 25, 50, 100 e 200 anos são calculadas e o resumo dos resultados é apresentado no Quadro 3.44. A tabela mostra a gama de estimativas de precipitação (em mm) para sete períodos de retorno.

Tab e3.44 Previsão anual da precipitação máxima, mm

Estação	intervalo de recorrência em anos						
	2	5	10	20	50	100	200
Agarwada	716.75	1104.3	1364.5	1608.2	1912.6	2132.7	2345.8
dahod	702.21	1011.5	1198.5	1361.5	1548.4	1672.7	1784.2
devgarbariya	841.14	1219.8	1455.7	1671.1	1936.5	2127.2	2311.5
dhandhela	679.39	996.25	1202.1	1396.7	1644.4	1827	2006.4
Khojalwas	627.28	964.64	1165.1	1342	1550.6	1693.1	1824.4
Limkheda	729.41	1121.3	1343.3	1514.4	1680.9	1773.2	1844.2
Mora	713.61	1065.9	1222.8	1331	1428.7	1480.7	1520.7
Morwa	726.36	1054.6	1221.1	1343.6	1459.6	1523.3	1572.6
Orwada	991.33	1252.6	1389.5	1502.5	1630.5	1715.8	1793.9
Barragem de Panam	812.62	1084.6	1226.8	1344.2	1476.3	1564.4	1645
Sagatala	1070.4	1450.6	1690.3	1910.8	2183.3	2380.2	2571
Santroad	599.35	961.63	1144.4	1273.3	1388.2	1447.2	1490.6
Sehera	784.34	1149.2	1313.3	1422.4	1515.8	1562.5	1596.03

Vadodar	768.96	1074.5	1195.3	1274.2	1342.7	1378.3	1404.9

Foi evidente que os valores estimados da precipitação para um determinado período de retorno e duração variam de uma estação de medição para outra, indicando uma variação espacial nas estimativas da precipitação. Como esperado, as variações nas estimativas de precipitação para 50 a 100
Anos é mais do que a duração de 2 a 5 anos.

Os resultados da análise de frequência mostram que se espera que ocorra um máximo de 1.070,4 mm em 2 anos, 1.450,6 mm em 5 anos, 1.690,3 mm em 10 anos, 1.910,8 mm em 20 anos, 2.183,3 mm em 50 anos, 2.380,2 mm em 100 anos e 2.571 mm em 200 anos de precipitação na estação de sangatala. Da mesma forma, espera-se que a precipitação mínima seja de 599,3 mm, 961,6 mm, 1.144,4 mm e 1.273,3 mm em períodos de retorno de 2,5,10 e 20 anos, respetivamente, na estação de Santrod, enquanto que em períodos de retorno de 50, 100 e 200 anos se espera que ocorram 1.342,7 mm, 1.378,3 mm e 1.404,9 mm de precipitação na estação de Vadodar.

3.8 MAPAS ISOHYETAL

Os mapas de isoietas gerados com base na precipitação máxima anual estimada na Tabela 3.44 para os vários períodos de retorno de dois anos, cinco anos, dez anos, vinte anos, cinquenta anos, cem anos e duzentos anos, abrangendo catorze estações pluviométricas na bacia hidrográfica do Panamá, são apresentados nas Figuras 3.29 a 3.35.

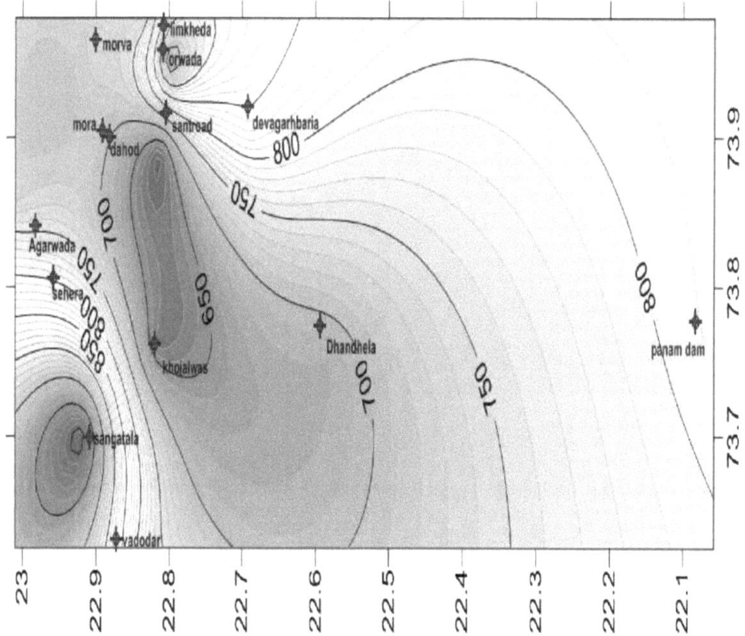

Fig. 3.29 Mapa isoihetal do período de retorno de dois anos para a bacia hidrográfica do Panamá

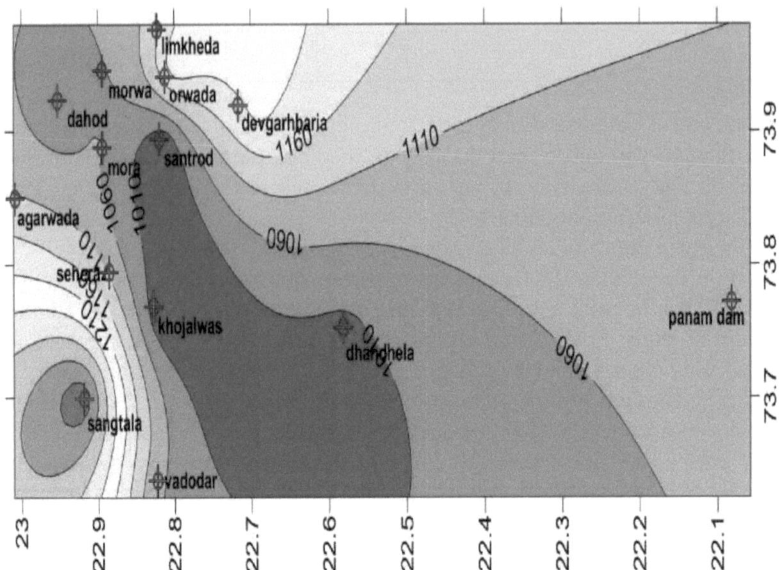

Fig. 3.30 Mapa isoihetal do período de retorno de cinco anos para a bacia hidrográfica do Panamá

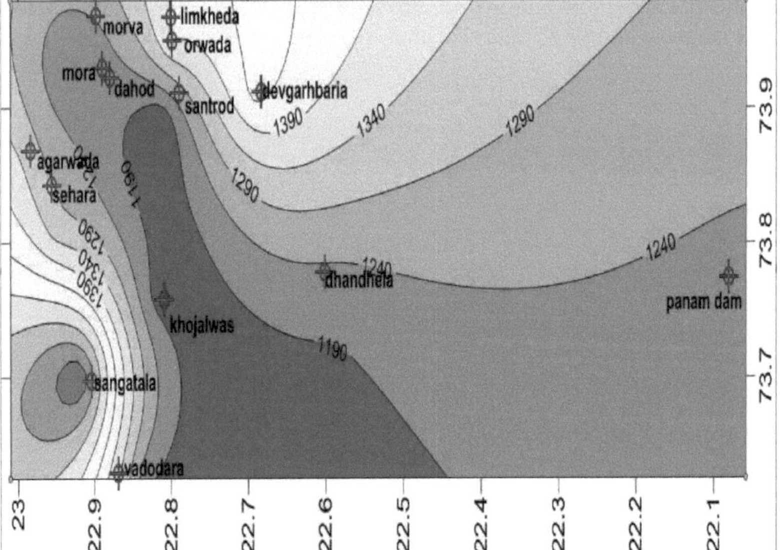

Fig. 3.31 Mapa isoihetal do período de retorno de dez anos para a bacia hidrográfica do Panamá

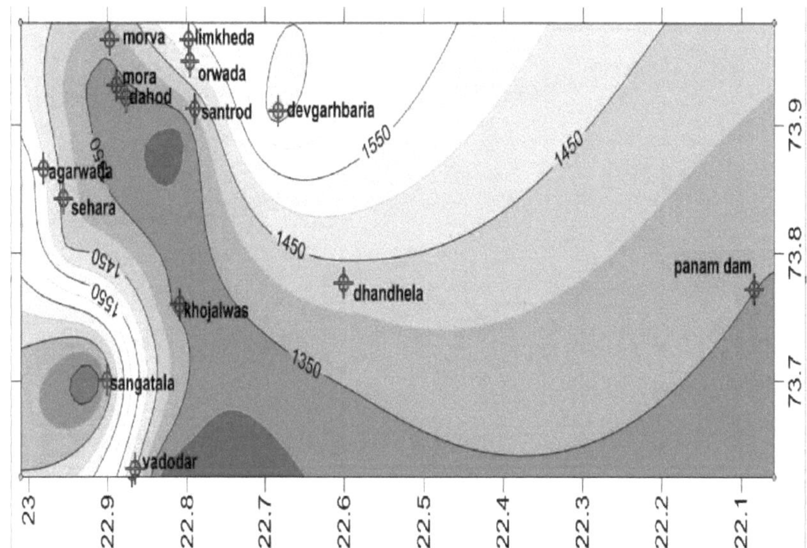

Fig. 3.32 Mapa isoihetal do período de retorno de vinte anos para a bacia hidrográfica do Panamá

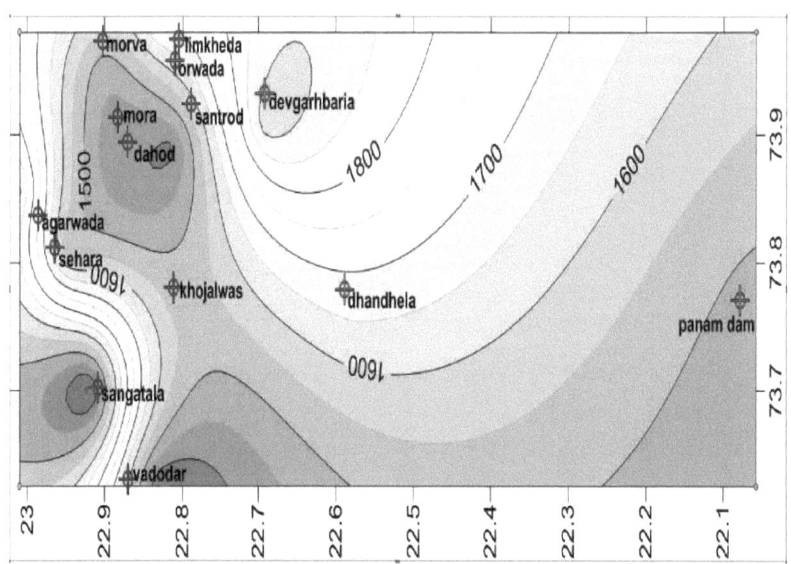

Fig. 3.33 Mapa isoihetal do período de retorno de cinquenta anos para a bacia hidrográfica do Panamá

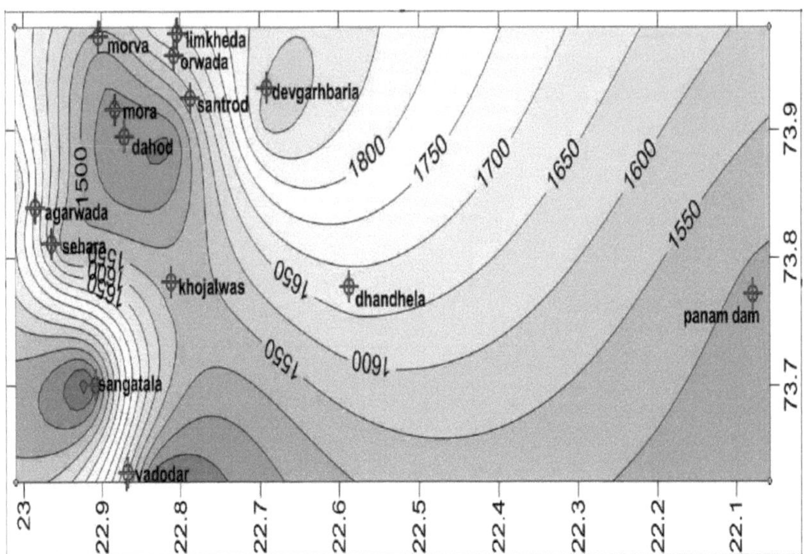

Fig. 3.34 Mapa isoihetal do período de retorno de cem anos para a bacia hidrográfica do Panamá

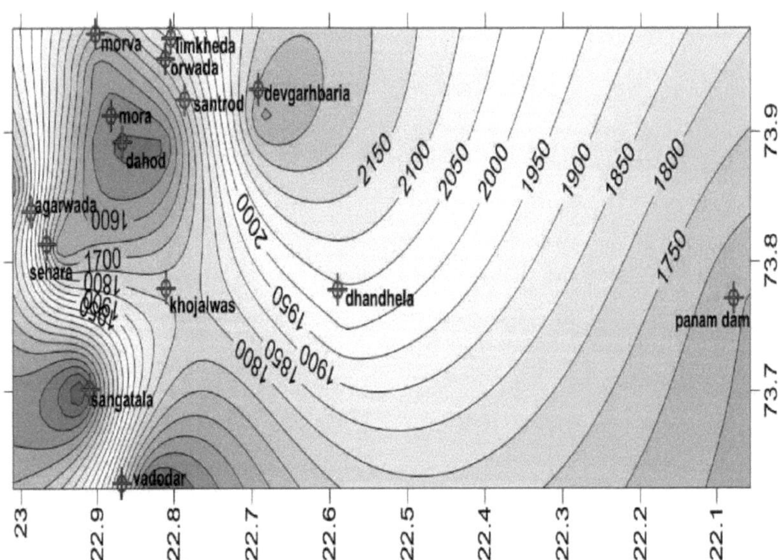

Fig. 3.35 Mapa isoihetal do período de retorno de duzentos anos para a bacia hidrográfica do Panamá

CONCLUSÕES

GERAL

Com base nos resultados obtidos e na análise efectuada, resumem-se as seguintes conclusões para a área considerada para o estudo.

CONCLUSÕES

O teste de distribuição estatística para todas as catorze estações pluviométricas foi efectuado de acordo com o procedimento padrão. Os conjuntos de dados das séries anuais das estações pluviométricas selecionadas foram ajustados com vinte distribuições de probabilidade. As distribuições de probabilidade mais adequadas foram obtidas para todas as catorze estações pluviométricas. Na maioria dos casos, a distribuição de probabilidade Johnson SB ajusta-se adequadamente bem. Este facto foi evidenciado pelos valores de teste calculados para estas distribuições, que eram inferiores aos valores tabelados - estes valores indicam o nível de adequação. Isto foi indicado pelo facto de a hipótese de teste ter sido frequentemente aceite para as distribuições de probabilidade com melhor ajuste.

Pode concluir-se que a melhor distribuição de frequências obtida para o pico de precipitação na bacia hidrográfica de Panam é a distribuição Johnson SB, que ocupa sete das catorze estações pluviométricas, seguida da distribuição gama, que ocupa duas, e da distribuição generalizada de valores extremos, que ocupa duas das catorze estações consideradas para o estudo. As restantes distribuições são a de weilbull (3P), a de chi quadrado e a normal, cada uma ocupando uma estação pluviométrica. O resultado foi baseado nos resultados de três testes de adequação, ou seja, Qui-quadrado, Anderson darling e kolmogrove-smirnov. Os resultados indicaram Weilbull (3P) como o melhor ajuste para a estação pluviométrica de Agarwada. Da mesma forma, Johnson Sb para as estações pluviométricas de Dahod, Mora, Morva, Limkheda, Santrod, Sehara e Vadodar. A distribuição gama é a melhor para dvgahbaria, a distribuição normal para a barragem de Panam e o qui-quadrado para orwada. A distribuição generalizada de valores extremos é a mais adequada para as duas estações pluviométricas restantes, Dhandhela e Khojalwas.

A partir da distribuição de probabilidades selecionada, as estimativas da precipitação máxima anual em vários níveis de probabilidade (ou seja, o inverso dos períodos de retorno) foram determinadas para cada estação. As estimativas para a precipitação anual com vários períodos de retorno são encontradas a partir do gráfico de distribuição de probabilidades do melhor ajuste para uma determinada estação. As estimativas de precipitação para os períodos de retorno de 2, 5, 10, 25, 50, 100 e 200 anos foram obtidas com base na análise de frequência.

Os resultados da análise de frequência mostram que se espera que ocorra um máximo de 1.070,4 mm em 2 anos, 1.450,6 mm em 5 anos, 1.690,3 mm em 10 anos, 1.910,8 mm em 20 anos, 2.183,3 mm em 50 anos, 2.380,2 mm em 100 anos e 2.571 mm em 200 anos de precipitação na estação de sangatala. Da mesma forma, espera-se que a precipitação mínima seja de 599,3 mm, 961,6 mm, 1.144,4 mm e 1.273,3 mm em períodos de retorno de 2,5,10 e 20 anos, respetivamente, na estação de Santrod, enquanto que em períodos de retorno de 50, 100 e 200 anos se espera que ocorram 1.342,7 mm, 1.378,3 mm e 1.404,9 mm de precipitação na estação de Vadodar.

REFERÊNCIAS

Adegboye, O.S e Ipinyomi, R.A (1995), "Statistical tables for class work and Examination. Tertiary publications Nigeria Limited, lorin, Nigéria", pp. 5 - 11 1765 - 1776.

Agarwal, M. C., V. S. Katiyar e Ram Babu (1988), "Probability analysis of annual maximum daily rainfall of U. P., Himalaya.", *Indian Journal of Soil Conservation*, 16(1): 35-42.

Ahmad Zakaria (2011), "caraterísticas estocásticas da precipitação diária na região de purajaya", ARPN Journal of Engineering and Applied Sciences", Vol. 6, n.º 6, junho de 2011

Ashok Raj, P.C. (1979), "Onset of Effective onsoon and Critical Dry Spells.", IARI Research Bulletin No.11, p 196, New Delhi.

Barkotulla, M. A. B., M. S. Rahman e M. M. Rahman (2009), "Characterization and frequency analysis of consecutive days maximum rainfall at Boalia, Rajshahi and Bangladesh.", *Journal of Development and Agricultural Economics*, 1: 121- 126.

Benson, M. A. (1968), "Uniform flood fre uency estimating methods for federal agencies". *Water Resources Research*, 4(5): 891-908.

Bhakar, S. R., A. N., Bansal, N. Chhajed e R. C. Purohit (2006), "Fre uency analysis of consecutive days maximum rainfall at Banswara, Rajasthan, ndia." , *ARPN Journal of Engineering and Applied Sciences*, 1(3) : 64-67.

Bhim Singh et al.(2012), "probability analysis for estimation of annual one day maximum rainfall of jhalarapatan area of rajasthan,india.", Plant Archives Vol. 12 No. 2, 2012 pp. 1093-1100

Bhattacharya AK e Sarkar TK (1982), "Analysis of Rainfall Data for Agricultural Land Drainage Design.", Journal of Agriculture Engineering, Vol 19(1): 15."

Chowdhury, J.U. e Stedinger, J.R. (1991) , "Goodness of fit tests for regional generalized extreme value flood distributions." , Water Resource. Research, 27(7)

Chow, V. T.(1951), "A general fórmula geral para hidrológica hidrológica uência
Transactions American Geophysical Union, 32: 231237.

Chow, V. T. (1964), "Hand book of applied hydrology. cGraw- Hill Book Company, New York."

Dabralr PP, Pandey A (2008), "Fre uency Analysis for One Day to Seven Consecutive Days of Annual Maximum Rainfall for the District of North Lakhimpur, Assam." IE(I) J. AG. 89:29-34.

Haan CT (1994), "Statistical methods in hydrology", Affiliated East West Press Pvt. Ltd., New Delhi

"Introdução à Probabilidade e Estatística em Hidrologia" um livro do Dr. Miguel A. Medina

"Hydrological Modeling and Statistic" um livro de Mc. Cuen.

Kwaku, X.S., e Duke, O, "Caracterização e análise de frequência de um dia

de precipitação máxima anual e de dois a cinco dias consecutivos de precipitação máxima em Accra, Gana." , ARPN Journal of Engineering and Applied Sciences. 2007; vol. 2, no. 5: 27-31.
Lee, C. , "Application of rainfall frequency analysis on studying rainfall distribution characteristics of Chia-Nan plain area in Southern Taiwan.",Journal of Crop, Environment & Bioinformatics. 2005;(2): 31-38.
L.R., Singo (2012), "Análise da frequência de inundação do máximo anual Caudais da bacia hidrográfica do rio Luvuvhu, Província do Limpopo, Sul África" , *Universidade de Venda, Departamento de Hidrologia e Água Recursos, Thohoyandou, África do Sul*
Mohanty, S., Marathe, RA e Singh, S. (1999), "Probability analysis of annual maximum daily rainfall for Amravati." ,Indian Journal of Soil Consevation. 43(1): 15-17
Murray, R.S. e Larry, J.S. (2000), "Theory and problems of statistics", Tata Mc Graw - Hill Publishing Company Limited, Nova Deli, pp. 314-316, terceira edição.
Olofintoye, O.O, Sule, B.F e Salami, A.W (2009), "Best-fit Probability distribution model for peak daily rainfall of selected Cities in Nigeria.", New York Science Journal, 2009, 2(3), ISSN 1554-0200
Osadolor Christopher Izinyon e Henry Nwanne Ajumuka , "Modelos de distribuição de probabilidades para a previsão de cheias na bacia hidrográfica do Alto Benue - Parte II", Civil and Environmental Research Vol.3, No.2, 2013
Rizvi, R.H., Singh, R, Yadav, RS, Tewari, RK, Dadhwal, KS e Solanki, KR (2001), "Probability analysis of annual maximum daily rainfall for bundelkhand region of Uttar Pradesh", Indian J. Soil Conser. 29(3): 259-262.
Raghunath, H.M (1985), "Hydrology, Principles Analysis and Design", Wiley Eastern Limited, Nova Iorque
Schwab, GO, Frevert, RK, Edminster, TW e Barnes, KK (1981), "Soil and Water Conservation Engineering", John Wiley & Sons, New York p. 25.
Shu-guang liu, XI, chen, shu-hong peng, ying-lian ma e jing qian(2010), "a study of two data grid interpolation algorithm based on Surfer software", ninth international conference on machine learning and cybernetics, qingdao, 1114 july 2010
Singh, R. K. (2001), "Probability analysis for prediction of annual maximum rainfall of Eastern Himalaya (Sikkim mid hills).", *Indian Journal of Soil Conservation*, 29**:** 263-265.
Tao, D.V., Nguyen, V.T. e Bourque.A. (2002), "Selection of Probability Distributions for Representing Extreme Precipitations in Southern Quebec.", Conferência Anual da Sociedade Canadiana de Engenharia Civil. 5-8 de junho
Tilahun K. (2006), "The characterization of rainfall in the arid and semiarid regions of Ethiopia.",Water S.A. 32(3): 429-436.
Wanielista,, M. R. Eaglin, e L. Eaglin. (1996) "Isopluval Contour Curves

for Long Duration Storms in Florida". Departamento de Transportes da Florida, Tallahassee, Florida
Xeflide Seth Kwaku e Ophori Duke (2007). "Caracterização e análise de frequência da precipitação máxima anual de um dia e da precipitação máxima de dois a cinco dias consecutivos em Acra, Gana" ARPN Journal of Engineering and Applied Sciences, vol. 2, no. 5.
Guia do utilizador do Surfer® Golden Software, nc.
www.goldensoftware.com www.mathwave.com

Printed by Books on Demand GmbH, Norderstedt / Germany